La capacità portante delle fondazioni superficiali
Teoria, normativa ed esempi di calcolo

Aldo Di Bernardo

Copyright ©2016 Aldo Di Bernardo
La proprietà letteraria e tutti i diritti sono riservati all'Autore. La struttura e il contenuto del presente volume non possono essere riprodotti, neppure parzialmente, senza l'autorizzazione scritta dell'Autoreo. Benchè la realizzazione del presente libro sia stata curata con la massima attenzione, l'Autore declina ogni responsabilità per possibili errori e omissioni, nonché per eventuali danni risultanti dall'uso dell'informazione ivi contenuta.

Sommario

1. DEFINIZIONI 7

1.1 INTRODUZIONE 7
1.2 MECCANISMI DI ROTTURA 8
    1.2.1 Rottura generale per taglio *9*
    1.2.2 Rottura locale per taglio *10*
    1.2.3 Rottura per punzonamento *12*
    1.2.4 Influenza della geometria sul meccanismo di rottura *13*
1.3 EFFETTI DELLA ROTTURA DEL TERRENO 18

2. IL COMPORTAMENTO MECCANICO DEI TERRENI A ROTTURA 21

2.1 INTRODUZIONE 21
2.2 IL CRITERIO DI MOHR-COULOMB 24
2.3 IL CRITERIO DI TRESCA 26
2.4 SCELTA DEL CRITERIO DI RESISTENZA AL TAGLIO 27
2.5 SCELTA DEI PARAMETRI DI RESISTENZA AL TAGLIO NELLE CONDIZIONI DRENATE 36
    2.5.1 Definizione di angolo di resistenza al taglio *36*
    2.5.2 Determinazione di $\varphi c.v.$ *43*
    2.5.3 Scelta del valore di φ *55*
2.6 SCELTA DEI PARAMETRI DI RESISTENZA AL TAGLIO NELLE CONDIZIONI NON DRENATE 63

3. MODELLI DI CALCOLO DELLA CAPACITÀ PORTANTE 71

3.1 FORMULA GENERALE PER IL CALCOLO DELLA CAPACITÀ PORTANTE DI FONDAZIONI SUPERFICIALI 71
3.2 FATTORI EMPIRICI CORRETTIVI 80
    3.2.1 Fattori di forma. *80*
    3.2.2 Fattori di approfondimento *81*
    3.2.3 Fattori per l'inclinazione della risultante dei carichi. *83*
    3.2.4 Fattori per l'inclinazione della base. *83*
    3.2.5 Fattori per fondazioni su pendio o prossime a un pendio: ... *84*
    3.2.6 Punzonamento *86*
    3.2.7 Carichi eccentrici *87*
    3.2.8 Fondazioni ravvicinate *89*
    3.2.9 Terreni stratificati *91*
    3.2.10 Livelli rigidi prossimi al piano di posa della fondazione ... *93*
    3.2.11 Effetti sismici sulla fondazione superficiale *94*
3.3 ESEMPI DI CALCOLO 103

4. RIFERIMENTI NORMATIVI..........117
    4.1 D.M. 14 MARZO 1988..........117
    4.2 D.M.14 GENNAIO 2008 E CIRCOLARE 2 FEBBRAIO 2009..........119
        4.2.1 Combinazione delle azioni (paragrafo 2.5.3)..........119
        4.2.2 Verifiche nei confronti degli S.L.U. (paragrafo 6.2.3.1)..........120
    4.3 EUROCODICE 7..........124

5. TECNICHE DI MIGLIORAMENTO DEL TERRENO.127

6. BIBLIOGRAFIA ESSENZIALE..........135

1. DEFINIZIONI

1.1 Introduzione.

Per capacità portante, o portanza, si può intendere in generale il carico unitario massimo che la struttura ingegneristica può trasmettere al terreno, attraverso le sue opere fondazionali, superato il quale lo stesso subisce una rottura per taglio. Le elevate deformazioni che si sviluppano nei livelli geotecnici coinvolti nel collasso naturalmente comportano effetti non tollerabili nelle sovrastrutture. Si hanno solitamente abbassamenti disomogenei del piano fondazionale, con valori che possono variare da alcune decine di centimetri fino, in casi estremi, ad alcuni metri. La rottura del terreno di fondazione non è quasi mai simmetrica e questo da origine a movimenti rotazionali della struttura a cui può seguire il crollo parziale o totale della stessa. Generalmente, almeno nei casi di rottura generale o locale (vedi paragrafo successivo), il collasso si manifesta in tempi rapidi, di solito entro 24 ore a partire dal momento in cui il carico unitario trasmesso dalle fondazioni supera la capacità portante.

Seguendo la definizione originaria di Terzaghi, si dovrebbero considerare superficiali quelle fondazioni in cui il rapporto fra la profondità di posa D e la larghezza B della stessa risulti minore o uguale a 1.

$$(1) \quad \frac{D}{B} \leq 1$$

Occorre precisare che per profondità di posa s'intende la misura dell'incastro delle opere fondazionali rispetto a un piano di riferimento, che può essere il piano campagna o, nel caso di realizzazione di interrati, il fondo scavo. La larghezza della fondazione, s'identifica invece con la dimensione del lato minore dell'opera fondazionale, trave, plinto o platea. La definizione (1) nel tempo si è evoluta e attualmente si tende a far rientrare nella categoria delle fondazioni superficiali tutte quelle strutture a contatto con il terreno in cui sia verificato il rapporto:

$$(2) \frac{D}{B} \leq 4$$

1.2 Meccanismi di rottura.

Come si vedrà meglio nei capitoli successivi, la capacità portante è funzione fondamentalmente della geometria della fondazione, in particolare di B e D, e del comportamento meccanico del terreno che si trova immediatamente sotto il piano di posa. Quest'ultimo, a sua volta, è determinato dal grado di consistenza o di addensamento dei livelli geotecnici coinvolti dal meccanismo di rottura. La combinazione di questi fattori determina il modo in cui potrà manifestarsi la rottura per taglio del terreno al superamento della portanza della fondazione.

Si riconoscono in generale tre possibili meccanismi di collasso del terreno.
1. Rottura generale per taglio.
2. Rottura locale per taglio.
3. Rottura per punzonamento.

1.2.1 Rottura generale per taglio.

Immaginiamo di avere una fondazione superficiale con valori prefissati di larghezza B e lunghezza L e una profondità di posa D relativamente superficiale. Supponiamo di aumentare in maniera molto graduale la pressione q che la struttura trasmette al terreno. Misuriamo, per ogni passo di incremento di carico Δq, la deformazione che subisce il livello geotecnico su cui poggia l'opera. Nell'ipotesi di terreni di fondazione molto consistenti o molto addensati la crescita di q nel tempo produce inizialmente un aumento proporzionale, ma di entità limitata, delle deformazioni verticali s. Il rapporto s/q tende cioè a crescere proporzionalmente all'aumentare di q. Al raggiungimento di un valore limite q_u si ha l'improvviso crollo della resistenza al taglio del terreno con lo sviluppo di deformazioni molto elevate. In questa situazione il valore q_u definisce la capacità portante della fondazione.

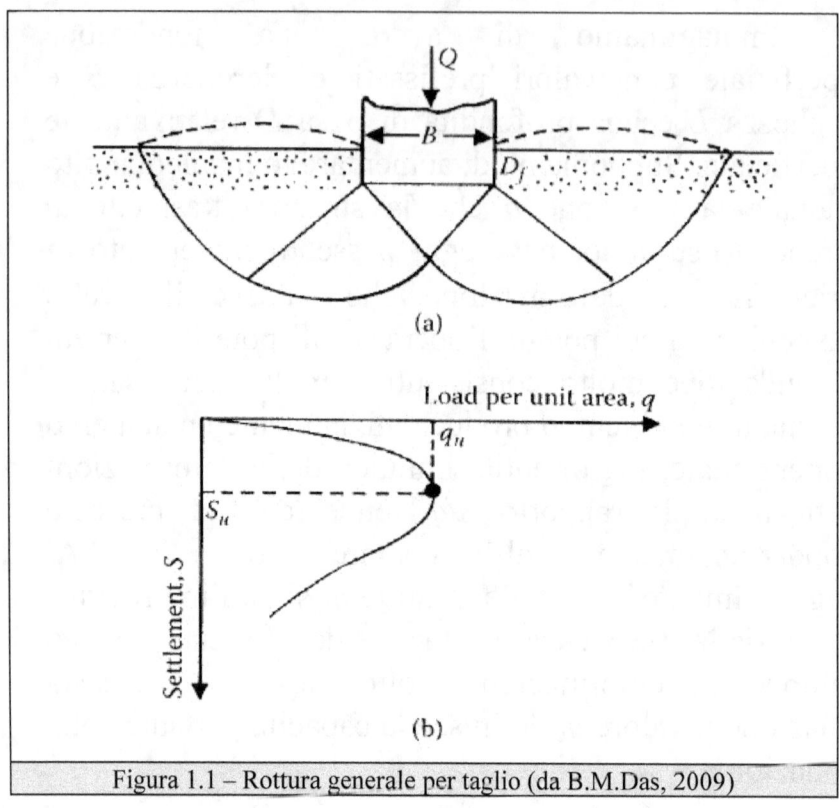

Figura 1.1 – Rottura generale per taglio (da B.M.Das, 2009)

1.2.2 Rottura locale per taglio.

Nell'ipotesi di una fondazione superficiale con geometria identica al caso precedente, ma poggiante su un terreno mediamente consistente o addensato, l'andamento del grafico *carico unitario q – deformazioni verticali s* tende ad assumere un aspetto differente. Per bassi valori di *q*, l'incremento graduale del carico unitario trasmesso alla fondazione genera una deformazione verticale proporzionalmente crescente,

come nel caso precedente. Questi cedimenti sono di entità relativamente limitata, ma superiori a quelli visti nella situazione di rottura generale.
Superato il valore q_u', detto *primo carico di rottura*, l'andamento del grafico diventa più complesso. Fisicamente questa variazione si può spiegare, supponendo che localmente si abbia il superamento della resistenza al taglio massima mobilitabile dal terreno con la generazione di una o più superfici di rottura di estensione limitata. Al crescere di q questi piani di taglio tendono a estendersi lateralmente e a fondersi fra loro. La deformazione verticale in generale cresce ancora progressivamente, ma con un andamento irregolare. Nel momento in cui la superficie di rottura assume la sua massima estensione, raggiungendo la superficie, nel grafico q-s diventa possibile individuare una rottura di pendenza. Il valore di carico unitario q_u collegato a questo punto può essere usato per definire la capacità portante del terreno di fondazione. Osservando la figura 1.2, si può notare che per carichi superiori a q_u non si ha il repentino crollo di resistenza al taglio del terreno vista nel caso precedente (rottura generale), ma solo un aumento più rapido delle deformazioni verticali.

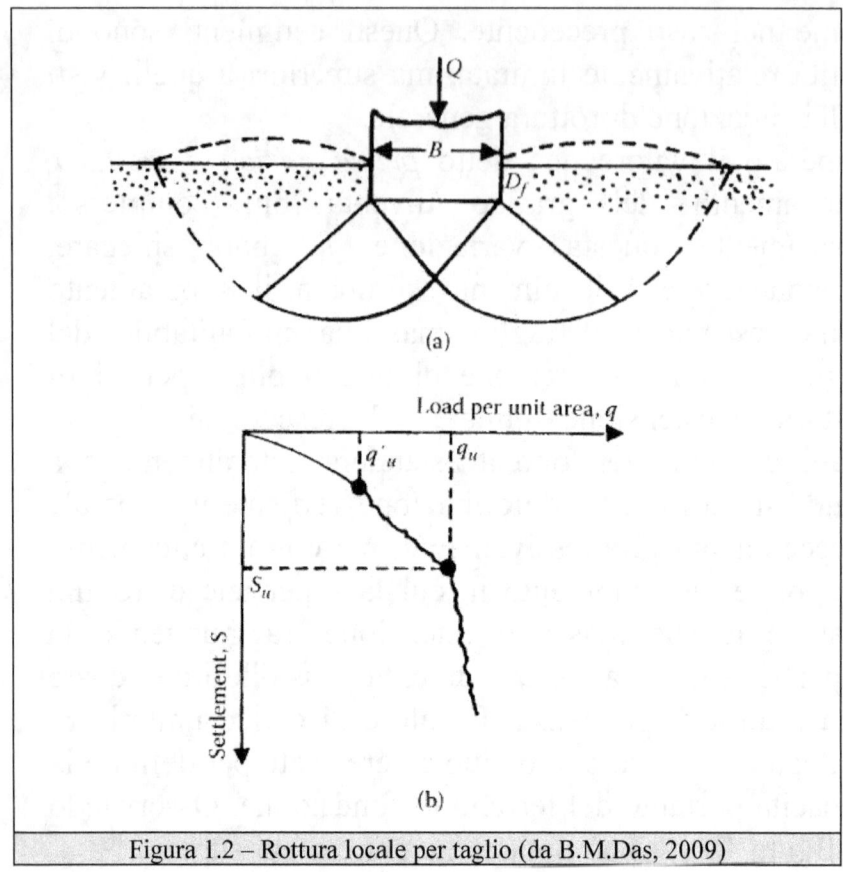

Figura 1.2 – Rottura locale per taglio (da B.M.Das, 2009)

1.2.3 Rottura per punzonamento.

Nel caso di un terreno costituito da livelli poco consistenti o addensati, a parità di configurazione geometrica della fondazione, gli incrementi graduali di q producono inizialmente un proporzionale aumento delle deformazioni verticali s, come nei casi precedenti. In corrispondenza del valore di carico unitario q_u il rapporto s/q cessa di crescere e assume un valore approssimativamente costante. Successivi aumenti di q tendono a produrre identici aumenti del cedimento. Nel dettaglio l'andamento del grafico diventa irregolare. Tale irregolarità si può spiegare fisicamente, supponendo che al superamento del carico q_u si abbia localmente il superamento della resistenza al taglio del terreno senza però che si produca, come nel caso precedente, la formazione di una superficie di rottura ben definita.

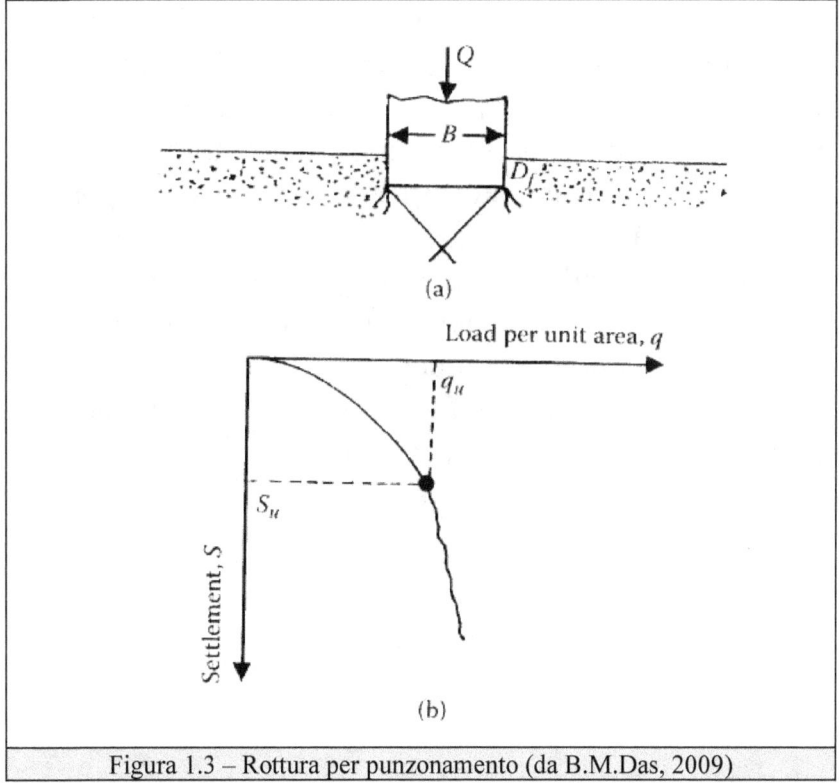

Figura 1.3 – Rottura per punzonamento (da B.M.Das, 2009)

1.2.4 Influenza della geometria sul meccanismo di rottura.

La descrizione dei meccanismi possibili di rottura del terreno per superamento della capacità portante fatta nei paragrafi precedenti potrebbe indurre a credere che le uniche variabili che entrano in gioco siano quelle legate alla resistenza dei livelli geotecnici posti sotto il piano di posa delle fondazioni. Ciò è vero rigorosamente solo nel caso in cui i terreni di fondazione siano scarsamente addensati o consistenti. Dove i livelli geotecnici posti sotto il piano di posa siano da mediamente a molto addensati o consistenti in realtà la comparsa di un tipo o l'altro di rottura è influenzata anche dalla configurazione geometrica delle opere di fondazione. In generale, infatti, in questi casi il fatto che si manifesti un collasso del terreno per rottura generale, locale o per punzonamento dipende anche dal rapporto fra la profondità di posa della fondazione e il suo raggio idraulico R, intendendo per raggio idraulico della fondazione il rapporto fra area e perimetro della stessa. Oltre un certo valore di addensamento o consistenza, l'incremento del rapporto D/R rende più probabile il collasso per rottura locale o per punzonamento, anche in terreni con elevata resistenza meccanica.

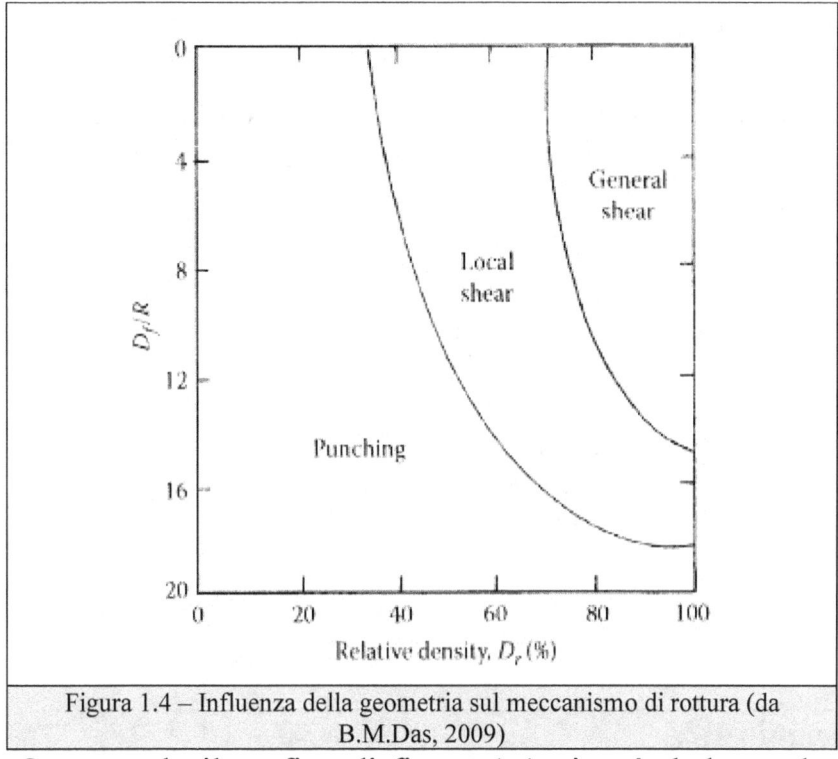

Figura 1.4 – Influenza della geometria sul meccanismo di rottura (da B.M.Das, 2009)

Osservando il grafico di figura 1.4, si può dedurre che, in terreni incoerenti, per densità relative inferiori indicativamente al 37%, la rottura potrà avvenire esclusivamente per punzonamento. Sopra questo limite il meccanismo di rottura è condizionato dal rapporto *D/R*. In generale vale la regola secondo la quale, all'aumentare della profondità di posa, a parità di raggio idraulico, la rottura generale diventa sempre meno probabile. Per elevati valori di *D/R* anche in terreni con grado di addensamento superiore al 70% si può manifestare la rottura per punzonamento.

Esempio 1.1.

Ipotizziamo di avere un plinto quadrato con lato uguale a 3,0 m e una profondità di posa D di 3,0 m, poggiante su uno strato di sabbia con densità relativa del 60%. Determiniamo il tipo di rottura.
Calcoliamo il raggio idraulico (area/perimetro della fondazione) e il rapporto D/R:

$$\text{area} = 3{,}0 \times 3{,}0 = 9{,}0 \text{ mq}$$
$$\text{perimetro} = 3{,}0 \times 4 = 12{,}0 \text{ m}$$
$$R = 9{,}0 / 12{,}0 = 0{,}75$$
$$D/R = 3{,}0 / 0{,}75 = 4{,}0$$

Il rapporto D/R è uguale a 4 e quindi, in base al grafico 1.4, dovremmo attenderci una rottura per taglio locale.

Esempio 1.2.

Lasciando invariato il raggio idraulico della fondazione, aumentiamo la profondità di posa D, portandola a 12,0 m.
Ricalcoliamo il rapporto D/R:

$$D/R = 12{,}0 / 0{,}75 = 16{,}0$$

Il rapporto D/R diventa 16. In questo caso bisogna attendersi probabilmente una rottura per punzonamento. Lo stesso risultato si può ottenere, lasciando invariata la profondità di posa iniziale (D = 3,0 m) e riducendo il raggio idraulico R. Se il plinto avesse, per esempio, un lato uguale a 0,8 m, il rapporto D/R diventerebbe 15.

Anche in questo caso quindi è probabile che si verifichi una rottura per punzonamento.

Un'osservazione marginale riguarda la forma della fondazione. Il raggio idraulico dipende anche dalla geometria in pianta dell'opera fondazionale. Quindi, per esempio, le fondazioni a pianta circolare assumono sempre valori superiori di R, naturalmente a parità di area. Ciò le rende relativamente meno soggette alla rottura locale o per punzonamento.

Esempio 1.3.

Riprendiamo l'esempio 1.2, ipotizzando questa volta un plinto a sezione circolare con area uguale a 9,0 mq. Profondità di posa D (12,0 m) e grado di addensamento del terreno di fondazione (D_r=60%) rimangono invariati. Calcoliamo il raggio idraulico e il rapporto D/R:

$$area = 9,0 \text{ mq}$$
$$raggio\ del\ plinto = 1,69$$
$$perimetro = 10,63 \text{ m}$$
$$R = 9,0 / 10,63 = 0,84$$
$$D/R = 12,0 / 0,84 = 14,28$$

Mentre nel caso di plinto quadrato il valore di D/R ricavato ci poneva sicuramente nella area del grafico 1.4 relativa alla rottura per punzonamento, per un plinto a pianta circolare il meccanismo di rottura più probabile diventa quello per rottura locale.

1.3 Effetti della rottura del terreno.

La notevole mole di letteratura scientifica sull'argomento consente di concludere che la rottura del terreno di fondazione per superamento della capacità portante sia un evento raro. Normalmente quando ciò accade la causa è da ricercarsi in grossolani errori nel dimensionamento delle opere di fondazione o nella parametrizzazione geotecnica del terreno. Il motivo della relativa scarsa frequenza del fenomeno è l'elevato margine di sicurezza con cui vengono calcolati i valori di capacità portante. Vedremo nei capitoli successivi che la portanza ricavata attraverso le formule analitiche ed empiriche disponibili in letteratura si trasformano in capacità portanti di progetto con l'applicazione di coefficienti di sicurezza che più che dimezzano il valore iniziale.

Per comprendere il motivo per cui si rende necessaria l'applicazione di fattori riduttivi così elevati è importante farsi un'idea quantitativa degli effetti, sull'opera ingegneristica, della rottura del terreno. Un'indicazione del cedimento verticale che può subire la struttura fondazionale in seguito al superamento della capacità portante del terreno si può ottenere attraverso la tabella elaborata da B.M.Das (1999).

Litologia	D/B	$S_U/B\%$
Sabbia	0	5-12
Sabbia	Intermedio	12-25
Sabbia	Elevato	25-28
Argilla	0	4-8
Argilla	Intermedio	8-15
Argilla	Elevato	15-20

Figura 1.5 – Effetti della rottura del terreno per superamento della capacità portante (da B.M.Das, 1999)

Nella tabella la grandezza S_u/B indica il cedimento del terreno in rapporto alla larghezza della fondazione. Il rapporto D/B, dove D è la profondità di posa, viene fatto rientrare in tre categorie. Un rapporto D/B uguale a zero indica che la profondità di posa è nulla. Come valore *elevato* di D/B indicativamente si può prendere quello che corrisponde alla situazione $3B<D<4B$. Si tenga presente che il cedimento S_u al collasso dipende anche dal grado di addensamento o di consistenza del terreno. In generale meno addensato o consistente è il deposito più alto è il valore di S_u che bisogna attendersi.

Esempio 1.4.

Supponiamo di avere:
$B = 2$ m
$D = 1,5$ m.
Stimiamo il cedimento che dovremmo attenderci in caso di rottura del terreno di fondazione, costituito da sabbia sciolta sotto falda.
Il rapporto D/B è uguale a 0,75 quindi consideriamo nella tabella l'intervallo di S_u/B corrispondente al caso intermedio. Visto il basso grado di addensamento del

terreno prendiamo il valore maggiore nell'intervallo proposto. Avremo quindi:

$$S_u \text{ (cm)} = 0{,}25 \times B = 0{,}25 \times 200 = 50$$

A livello strutturale l'effetto del cedimento rapido di circa 50 cm da parte del terreno di fondazione sarà probabilmente il crollo, parziale o totale, dell'opera. E' proprio quindi la gravità del danno, la rapidità con cui si verifica e la sua irreparabilità che obbligano il geotecnico all'adozione di elevati margini di sicurezza.

2. IL COMPORTAMENTO MECCANICO DEI TERRENI A ROTTURA.

2.1 Introduzione.

La resistenza mobilitata in un terreno dagli sforzi di taglio esterni applicati è generalmente considerata di tipo attritivo. Ciò significa che, quando si applica una forza tagliante, il terreno si oppone alla rottura, mobilitando una resistenza crescente il cui valore massimo può essere descritto dalla relazione:

$$(1) T = N\mu$$

in cui N è la forza normale, cioè perpendicolare rispetto al piano di rottura, applicata sul volume di terreno, T è la resistenza al taglio massima mobilitabile e μ è il coefficiente di attrito. Se la forza di taglio applicata esternamente (T_e) supera il valore massimo mobiliato dal terreno (T) si ha la rottura, cioè il movimento lungo il piano di taglio.
La relazione (1) è stata modificata da Charles Augustin de Coulomb alla fine del XVIII secolo e generalizzata, circa un secolo dopo, da Christian Otto Mohr.
Il *criterio di resistenza al taglio di Mohr-Coulomb* si esprime nella seguente maniera:

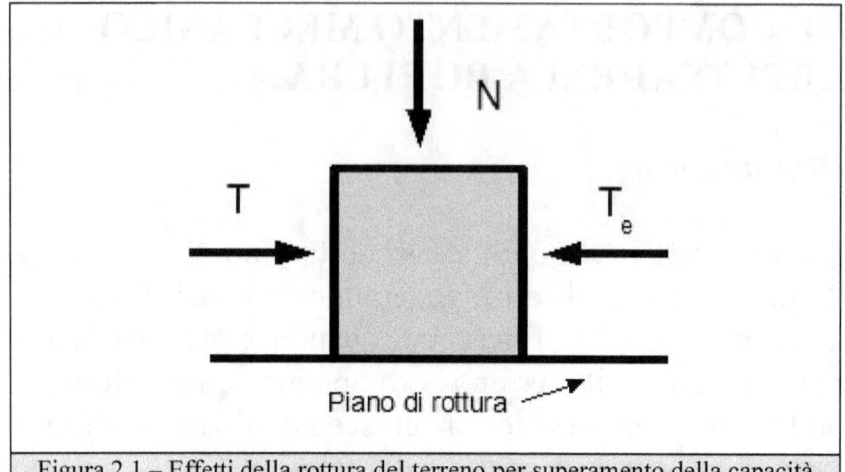

Figura 2.1 – Effetti della rottura del terreno per superamento della capacità portante (da B.M.Das, 1999)

$$(2)\; \tau = c + \sigma_n tg\varphi$$

In questa relazione σ_n rappresenta lo sforzo normale applicato, $tg\varphi$ è il coefficiente di attrito, dove φ prende il nome di angolo di attrito interno o di resistenza al taglio e misura l'attrito che si genera lungo le superfici di contatto fra i granuli, e c' è la coesione intercetta. Da un punto di vista fisico il coefficiente d'attrito è una grandezza proporzionale al lavoro che i granuli devono compiere per scavalcarsi reciprocamente quando il terreno subisce deformazioni. Questo è il motivo per cui nei terreni più grossolani φ assume i valori maggiori.

Il termine c' serve a quantificare la resistenza al taglio del terreno eventualmente presente nella condizione $\sigma_n=0$. In pratica cioè rappresenta la frazione di resistenza al taglio di tipo non attritivo. Un valore di c' maggiore di zero è tipico di terreni sovraconsolidati costituiti da una frazione significativa di argilla. I granuli costituiti da minerali argillosi, di forma lamellare, sviluppano significative forze di superficie, di natura elettrostatica, che si oppongono al reciproco movimento. Nei terreni prevalentemente sabbiosi e ghiaiosi *c'* tende a assumere un valore prossimo a zero. Motivo per cui queste tipologie di terreno vengono definite incoerenti.

La formula

$$\tau = c + \sigma_n tg\varphi$$

rappresenta l'equazione di una retta che taglia l'asse delle ordinate nel punto *c'*. Per un dato valore di σ_n, gli sforzi di taglio esterni (τ_{e1}) che giacciono sopra la retta d'inviluppo provocano la rottura del terreno. Nel caso in cui τ_e giaccia esattamente sulla curva ci si trova in una condizione di equilibrio (τ_{e2}): anche un infinitesimo incremento di τ_e può provocare la rottura.

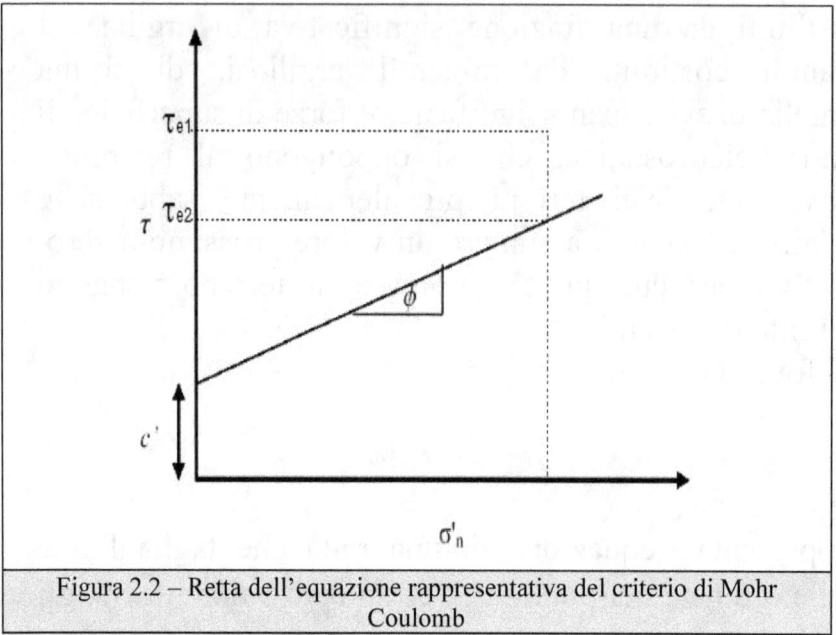

Figura 2.2 – Retta dell'equazione rappresentativa del criterio di Mohr Coulomb

2.2 Il criterio di Mohr-Coulomb.

Per poter applicare la legge di Mohr-Coulomb ai terreni Terzaghi, nel 1936, introdusse il concetto di sforzo efficace. In presenza di acqua circolante nel terreno lo sforzo normale va riscritto come segue:

$$(3) \sigma_n = \sigma_0 - u$$

dove σ_0 è la tensione totale e u è la pressione neutra, cioè il carico unitario dovuto all'acqua.

Terzaghi osservò che, dato un volume di terreno posto a una certa profondità, la resistenza al taglio che può essere mobilitata non dipende esclusivamente dalla pressione totale agente, ma dalla differenza fra questa e la pressione dell'acqua. La quantità espressa nella (3) prende il nome di sforzo efficace, dove l'aggettivo *efficace* ha lo scopo di sottolineare che è questa grandezza a condizionare il valore di τ. In altre parole allo stesso valore di sforzo totale applicato possono corrispondere diversi valori di resistenza al taglio, in funzione del variare di u. La legge di Mohr-Coulomb può essere quindi riscritta nel seguente modo:

$$(4)\ \tau = c + (\sigma_0 - u)tg\varphi$$

In base la principio degli sforzi efficaci quindi la resistenza al taglio mobilitata nel terreno può cambiare in seguito alle variazioni degli sforzi totali applicati (figura 2.3) o della pressione neutra (figura 2.4).

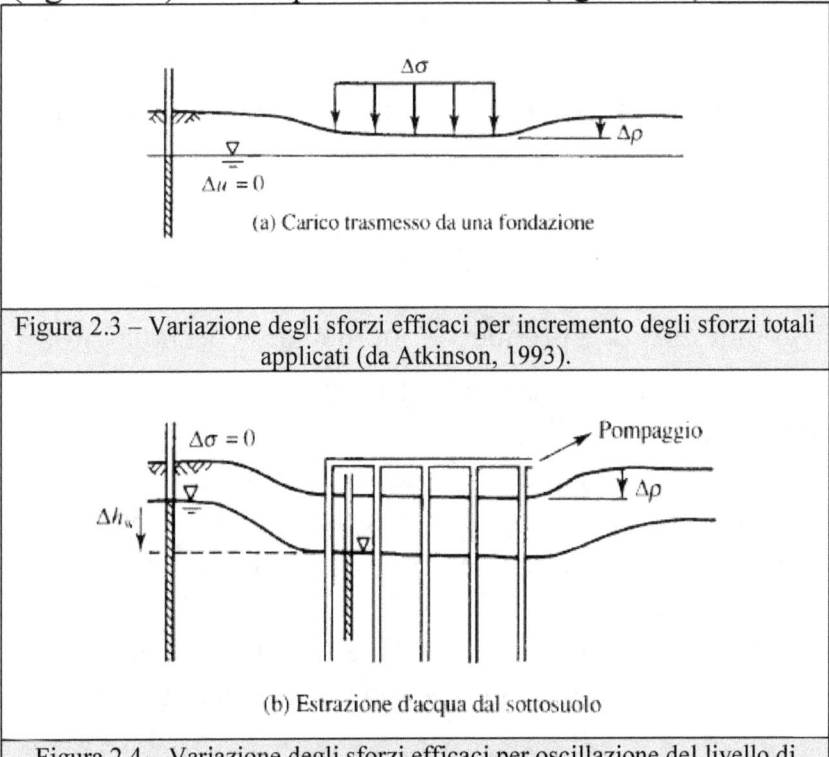

(a) Carico trasmesso da una fondazione

Figura 2.3 – Variazione degli sforzi efficaci per incremento degli sforzi totali applicati (da Atkinson, 1993).

(b) Estrazione d'acqua dal sottosuolo

Figura 2.4 – Variazione degli sforzi efficaci per oscillazione del livello di falda (da Atkinson, 1993).

2.3 Il criterio di Tresca.

In seguito all'applicazione rapida di carichi esterni su terreni saturi, la sovrappressione interstiziale Δu che si genera può essere tale da compensare temporaneamente gli sforzi totali agenti. In questa fase il drenaggio dell'acqua è impedito e non si ha variazione del volume V del campione di terreno. La diminuzione di V si manifesterà durante la successiva fase di dissipazione delle sovrappressioni neutre. Poiché $u+\Delta u$, dove u è la pressione neutra prima dell'applicazione del carico, compensa lo sforzo totale agente σ_0 si ha che:

$$(\sigma_0 - u - \Delta u) = 0$$

La resistenza al taglio mobilitata dal terreno diventa uguale a:

$$(5) \tau = c_u$$

La grandezza c_u prende il nome di coesione non drenata, mentre la relazione (5) esprime il *criterio di resistenza al taglio di Tresca*.
Il criterio di Tresca non è da vedere semplicemente come un caso particolare del criterio di Mohr-Coulomb in cui si annulla il termine *($\sigma_0 - u$)*. Esprime invece un comportamento meccanico del terreno del tutto differente. Infatti la grandezza c' della (4) e la grandezza c_u della (5) non coincidono: in generale si ha anche che:

$$c_u > c'$$

Nel criterio di resistenza al taglio di Tresca la resistenza mobilitata dal terreno non è funzione, come nel caso del criterio di Mohr-Coulomb, dello sforzo efficace applicato, ma dipende solo dalle caratteristiche iniziali del terreno e dalle modalità di applicazione del carico esterno.

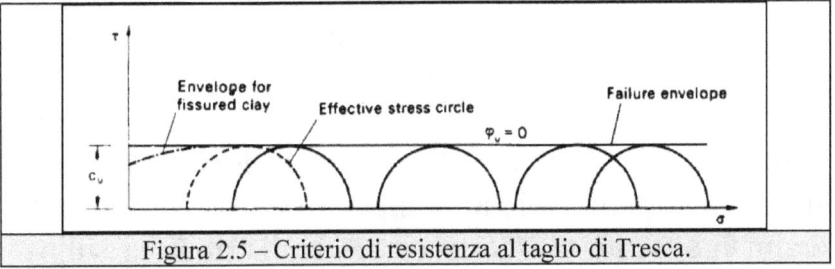

Figura 2.5 – Criterio di resistenza al taglio di Tresca.

2.4 Scelta del criterio di resistenza al taglio.

Il criteri di Mohr-Columb e di Tresca sono ambedue largamente usati in geotecnica per la valutazione della resistenza al taglio mobilitabile dal terreno sotto sforzo. Ovviamente non sono da vedere come alternativi l'uno all'altro, in quanto descrivono comportamenti meccanici caratteristici di condizioni specifiche. Il criterio di Tresca infatti viene usato per descrivere la resistenza al taglio nell'ipotesi di completo annullamento dello sforzo normale efficace, mentre il criterio di Mohr-Coulomb descrive il comportamento meccanico nella situazione in cui $(\sigma_0 - u)$ sia diverso da zero.

Fondamentalmente i parametri che condizionano la scelta del criterio di resistenza al taglio sono la permeabilità del terreno e il suo grado di saturazione. Per quanto riguarda quest'ultima grandezza, è evidente che, se il terreno è asciutto, non ci potrà essere sviluppo di sovrappressioni neutre e che quindi la condizione $(\sigma_0 - u) = 0$ non potrà mai verificarsi. Nei livelli geotecnici asciutti quindi andrà sempre usato il criterio di Mohr-Coulomb. Si tenga presente che le argille, tranne casi particolari, vanno sempre considerate sature. Per capire invece l'effetto della permeabilità nei terreni saturi è necessario descrivere ciò che succede all'interno di un volume di terreno saturo sottoposto a carichi esterni.

Prendendo come riferimento la figura 2.6, immaginiamo di applicare un carico verticale a un campione di terreno saturo, al quale viene impedito di espandersi lateralmente. Parte di questo carico si distribuisce sullo scheletro solido (granuli) e parte sul fluido (acqua). L'acqua, che è incomprimibile, tende a spostarsi dalla zona più caricata a quella meno caricata fino al raggiungimento di una nuova condizione di equilibrio. Nel caso mostrato in figura 2.6 l'acqua tende a risalire lungo il tubo piezometrico. La velocità con cui si raggiunge l'equilibrio dipende fondamentalmente, anche se non esclusivamente, dalla permeabilità del terreno.

Più in dettaglio è possibile distinguere due fasi.

1. Fase di applicazione del carico: partendo da un tempo t=0 in cui il sovraccarico è nullo, questo viene fatto crescere, più o meno rapidamente, fino al raggiungimento del valore massimo; allo stesso tempo l'acqua presente nei pori tende a contrapporsi all'incremento di carico generando una sovrappressione.

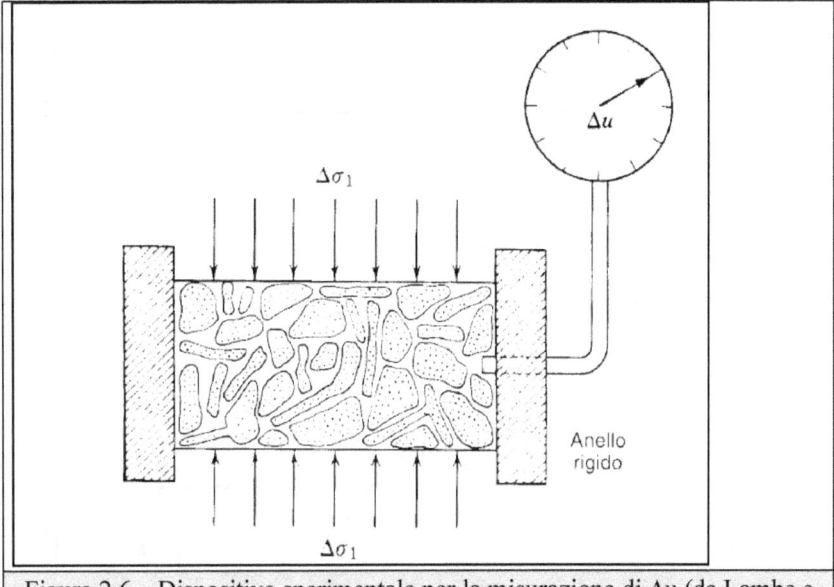

Figura 2.6 – Dispositivo sperimentale per la misurazione di Δu (da Lambe e Whitmann, 1969)

2. Fase di dissipazione: il sovraccarico esterno raggiunto il suo valore massimo rimane costante; l'acqua nel terreno inizia a defluire verso l'area circostante in cui non si risente l'effetto del sovraccarico (nel caso di figura 2.6 lungo il tubo piezometrico); con il graduale defluire del fluido verso l'esterno la sovrappressione neutra tende a decrescere nel tempo fino ad annullarsi.

La durata della fase di dissipazione può essere usata come discriminante per decidere quale criterio di resistenza al taglio utilizzare. Per un calcolo approssimativo di tale grandezza possiamo fare riferimento alla teoria della consolidazione monodimensionale.

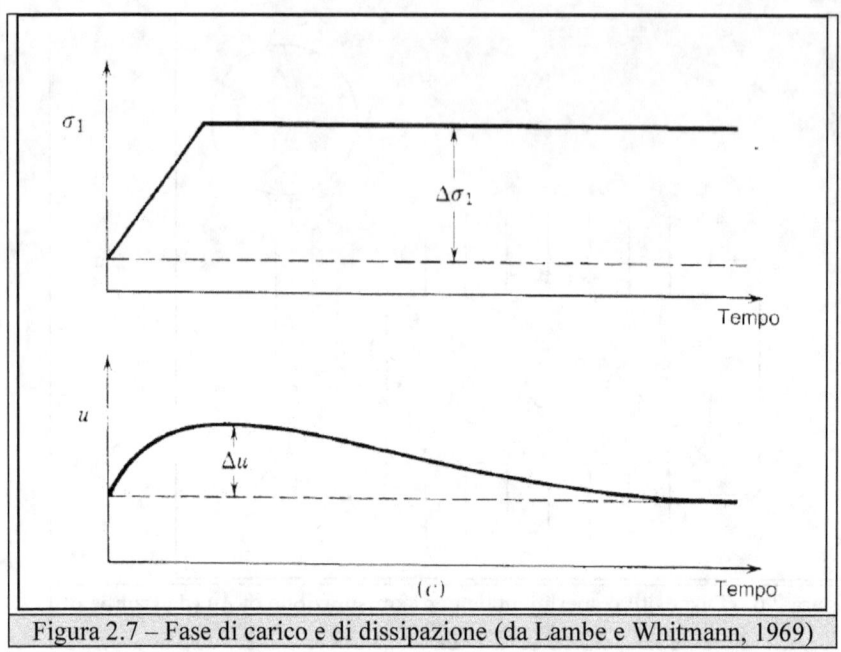

Figura 2.7 – Fase di carico e di dissipazione (da Lambe e Whitmann, 1969)

Secondo questo modello, il tempo necessario perché una determinata percentuale della sovrappressione neutra generata dall'applicazione di un carico esterno venga dissipata si può ottenere dalla seguente relazione:

$$(6) \; t = (T \gamma_w H^2) / (E_d \, k);$$

in cui:
T = fattore tempo, tabellato in funzione della distribuzione della pressione dei pori nello strato;
H = DH/2 nel caso in cui il drenaggio sia consentito da ambedue i lati dello strato;

H = DH nel caso il drenaggio sia consentito da un solo lato dello strato;
DH = spessore dello strato;
E_d = modulo edometrico del terreno;

k = permeabilità del terreno;
γ_w = peso di volume dell'acqua.

Per un tempo corrispondente ad una dissipazione del 92% il fattore tempo diventa unitario (T = 1) e la relazione può essere riscritta come segue:

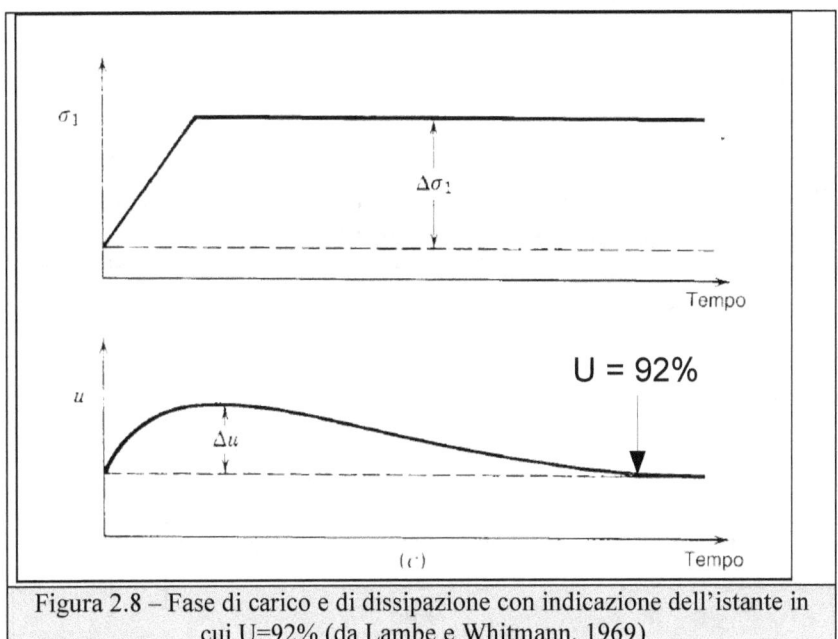

Figura 2.8 – Fase di carico e di dissipazione con indicazione dell'istante in cui U=92% (da Lambe e Whitmann, 1969)

$$(7)\ t = (\gamma_w\ H^2) / (E_d\ k);$$

La formula (7) implica che il tempo di dissipazione:
- aumenti al diminuire del modulo edometrico (maggiore compressibilità dello scheletro solido);
- diminuisca all'aumentare di k;
- aumenti con l'aumentare dello spessore dello strato;

❏ risulti indipendente dall'entità del carico esterno applicato.

Esempio 2.1.

Applichiamo la relazione (7) a terreni con granulometria differente. Poniamo:

$\gamma_w = 1$ t/mc e H = 10 m.

Per quanto riguarda i valori di permeabilità k da attribuire ai diversi tipi granulometrici, prendiamo come riferimento la seguente tabella (da Castany, 1988):

Tipi di sedimenti	d_{10} mm	n %	n_e %	K m/s
Ghiaia media	2,5	45	40	$3 \cdot 10^{-1}$
Sabbia grossa	0,250	38	34	$2 \cdot 10^{-3}$
Sabbia media	0,125	40	30	$6 \cdot 10^{-4}$
Sabbia fine	0,09	40	28	$7 \cdot 10^{-4}$
Sabbia molto fine	0,045	40	24	$2 \cdot 10^{-5}$
Sabbia siltosa	0,005	32	5	$1 \cdot 10^{-9}$
Silt	0,003	36	3	$3 \cdot 10^{-8}$
Silt argilloso	0,001	38	—	$*1 \cdot 10^{-9}$
Argilla	0,0002	47	—	$*5 \cdot 10^{-10}$

* Valori calcolati.

Per il modulo edometrico E_d, utilizziamo i seguenti valori indicativi (da diverse fonti):

Argilla: $E_d = 500$ t/mq;
Limo: $E_d = 600$ t/mq;
Sabbia fine: $E_d = 750$ t/mq;

Sabbia media: $E_d = 830$ t/mq;
Sabbia grossa: $E_d = 1430$ t/mq;
Ghiaia: $E_d = 1500$ t/mq.

Attraverso l'applicazione della (7) otteniamo i seguenti risultati

Argilla: $t = 400.000.000$ s $= 12,7$ anni
Limo: $t = 5.500.000$ s $= 63$ giorni
Sabbia fine: $t = 700$ s
Sabbia media: $t = 200$ s
Sabbia grossa: $t = 35$ s
Ghiaia: $t = 0,2$ s

E' evidente che il fattore più importante è la permeabilità: passando dall'argilla alla ghiaia E_d triplica, ma k aumenta di 9 ordini di grandezza.

Possiamo immaginare che la realizzazione di un edificio avvenga con l'applicazione di una successione di incrementi di carico sul terreno. Partendo dal momento iniziale ($t=t_{iniziale}$) fino all'istante in cui l'opera viene completata ($t=t_{finale}$) il sottosuolo di fondazione subisce un progressivo sovraccarico. In contemporanea nel terreno saturo si sviluppano le sovrappressioni interstiziali. *Se l'intervallo fra un incremento di carico e il successivo è inferiore al tempo di dissipazione delle Δu, la resistenza al taglio che si mobilita nel terreno è quella descritta dal criterio di Tresca*. In questi casi infatti nel momento in cui viene applicato il successivo incremento di carico le Δu dovute all'incremento precedente non si sono ancora dissipate e di

conseguenza le Δu tendono a sommarsi.
Normalmente i tempi necessari per una nuova edificazione sono dell'ordine di alcune settimane o mesi. In base ai risultati dell'esempio 2.1, possiamo concludere che i tempi di dissipazione delle Δu nelle sabbie e nelle ghiaie sature sono al massimo dell'ordine di qualche minuto.

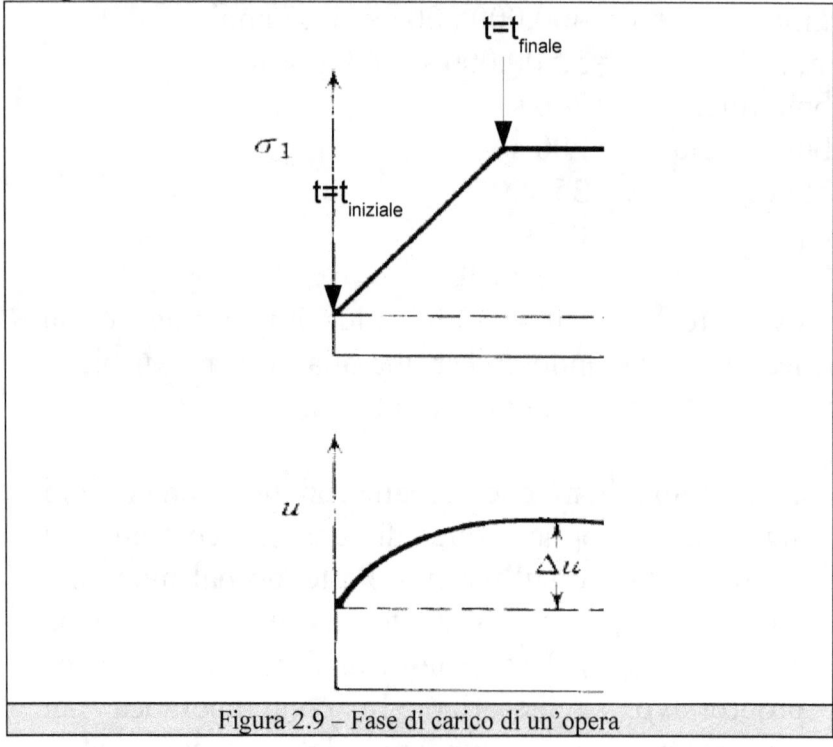

Figura 2.9 – Fase di carico di un'opera

In questi terreni quindi, relativamente al calcolo della capacità portante delle fondazioni superficiali, andrà impiegato il criterio di Mohr-Coulomb. Nelle argille i tempi di dissipazione sono dell'ordine di alcuni anni, quindi dovrà essere utilizzato il criterio di Tresca. I limi si pongono al limite di applicabilità dei due criteri. La scelta andrà fatta sulla base di una valutazione di massima della permeabilità del terreno e di una stima del tempo di dissipazione. In generale nei limi con un'elevata percentuale di sabbia e/o ghiaia si dovrà preferire il criterio di Mohr-Coulomb, mentre dove sia significativa la componente argillosa andrà scelto il criterio di Tresca.

Nei terreni argillosi, una volta esaurite le sovrappressioni interstiziali, il criterio di resistenza al taglio di Tresca non è più applicabile. Il terreno torna nell'ambito di applicabilità del criterio di Mohr-Coulomb. In teoria quindi nelle argille sono definibili due valori di capacità portante, uno per le condizioni non drenate (criterio di Tresca) e uno per le drenate (criterio di Mohr-Coulomb).

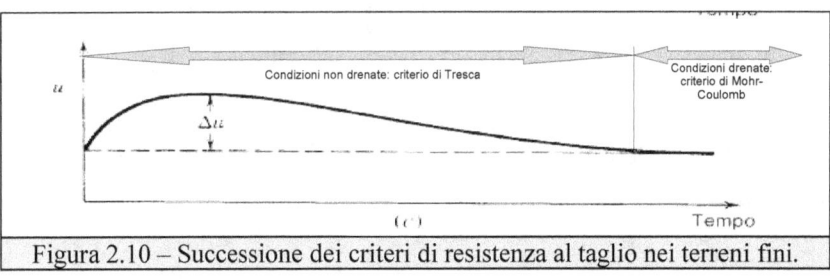

Figura 2.10 – Successione dei criteri di resistenza al taglio nei terreni fini.

L'Eurocodice 7 infatti recita: *"Nella valutazione analitica del carico limite... si devono considerare situazioni a breve (non drenate) e a lungo termine (drenate) soprattutto nei terreni a grana fine."* Questa doppia valutazione della capacità portante per i terreni fini a livello pratico comporta il fatto di dover eseguire in contemporanea una stima dei parametri geotecnici necessari per applicare i criteri di Tresca, essenzialmente quindi la c_u, e di Mohr-Coulomb, c' e φ. Di fatto però la condizione a breve termine, che è quella che si manifesta immediatamente dopo l'imposizione del carico superficiale, è quasi sempre la più penalizzante. Nel confronto fra le resistenza al taglio ottenute, per esempio, con prove triassiali CD e CU, la prima risulta sempre superiore o, al limite uguale, alla seconda.

	Argilla normalconsolidata	Argilla fortemente sovraconsolidata
Compressione triassiale: carico (σ_3 costante, σ_1 crescente)	CD > CU	CU ≈ CD
Compressione triassiale: scarico (σ_3 costante, σ_1 decrescente)	CU ≈ CD	CU >> CD

Nota. I confronti valgono per i provini con il medesimo stato tensionale efficace iniziale.

Figura 2.11 – Confronto fra la resistenza al taglio di argille in condizioni drenate CD e non drenate CU (da Lambe e Whitmann, 1969)

2.5 Scelta dei parametri di resistenza al taglio nelle condizioni drenate.

2.5.1 Definizione di angolo di resistenza al taglio.

Si è detto che in condizioni drenate il criterio da utilizzare per il calcolo della capacità portante è quello di Mohr-Coulomb, in cui la resistenza al taglio mobilitata dal terreno è funzione dello sforzo efficace applicato:

$$\tau = c + (\sigma_0 - u) tg\varphi$$

La resistenza al taglio mobilitata aumenta in funzione del grado di deformazione a cui è sottoposto il terreno fino a raggiungere un valore massimo τ_P. La rapidità con cui τ cresce dipende dal grado di consistenza o di addensamento del deposito sciolto: nei terreni molto consistenti o addensati la resistenza al taglio di picco viene raggiunta per deformazioni inferiori al 1%, nei terreni poco consistenti o poco addensati sono necessari livelli di deformazioni proporzionalmente sempre più elevati. Superato il valore di picco, incrementando ulteriormente le deformazioni, la resistenza al taglio crolla fino a raggiungere, nei terreni incoerenti, un valore ultimo oltre il quale τ_L si mantiene costante. Nei terreni coesivi, per grandi deformazioni, la diminuzione della resistenza al taglio prosegue fino a raggiungere il valore residuo τ_R.

Il fatto che la resistenza residua nelle argille assuma un valore più basso rispetto alla resistenza ultima dei terreni incoerenti dipende dalla forma lamellare delle particelle argillose. Per grandi deformazioni queste perdono la disposizione caotica iniziale e tendono a orientarsi in maniera sub-parallela fra loro con conseguente riduzione dell'attrito interparticellare.

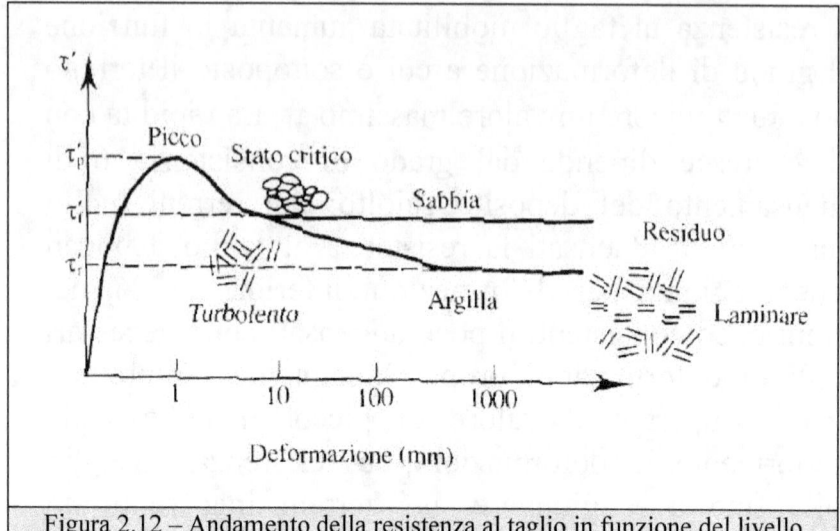

Figura 2.12 – Andamento della resistenza al taglio in funzione del livello deformativo (da Atkinson, 1993)

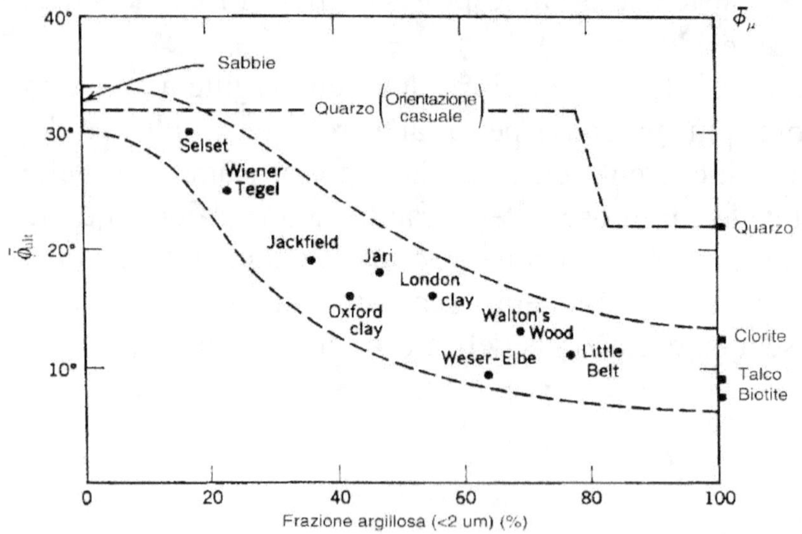

Figura 2.13 – Angolo di resistenza al taglio residuo in funzione della frazione argillosa (da Skempton, 1964)

Consideriamo ora solo i terreni incoerenti, in cui cioè il termine c' sia nullo. Riportiamo le curve deformazioni-

taglio mobilitato per lo stesso campione di terreno con diverso grado di addensamento. Si può osservare che:
- più il terreno è addensato più pronunciato è il picco corrispondente alla resistenza al taglio massima mobilitata; viceversa nei depositi con grado di addensamento molto basso il picco tende ad appiattirsi fino a diventare indistinguibile;
- per elevati livelli di deformazione, terreni con diverso grado di addensamento iniziale tendono allo stesso valore di resistenza ultima τ_U.

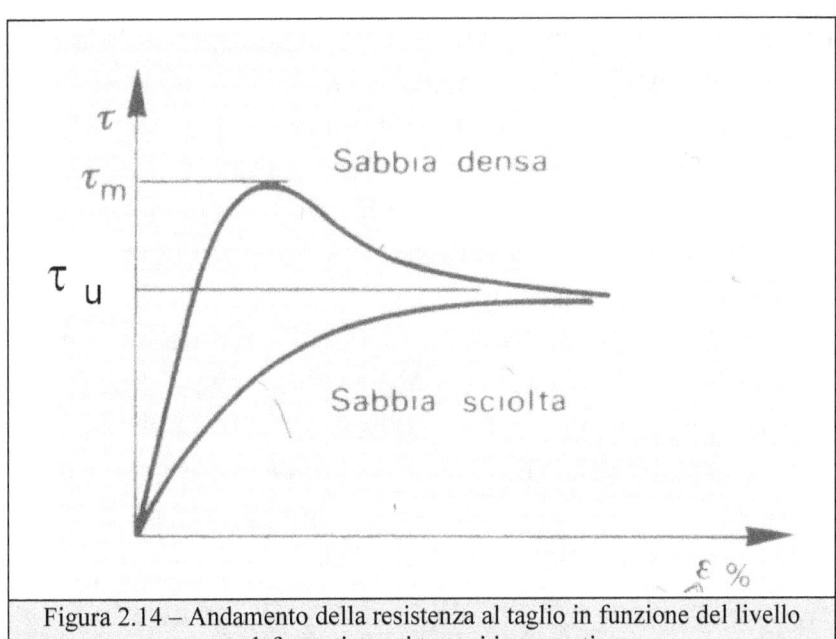

Figura 2.14 – Andamento della resistenza al taglio in funzione del livello deformativo nei terreni incoerenti

La mobilitazione della resistenza al taglio è accompagnata, nelle fasi iniziali, da variazioni di volume all'interno del deposito sciolto. Nei terreni incoerenti molto addensati sollecitati al taglio i granuli assumono una configurazione meno compatta, si osserva cioè una tendenza all'aumento di volume del deposito. In questi casi si dice che il terreno ha un comportamento dilatante. Nei terreni sciolti si registra la tendenza opposta: i granuli assumono, al procedere della deformazione, una disposizione più compatta, a cui corrisponde una diminuzione di volume. Si parla in questo secondo caso di depositi a comportamento contrattivo. Quando le deformazioni indotte dallo sforzo di taglio superano indicativamente il 10% il terreno raggiunge uno stato in cui le variazioni di volume cessano. Ulteriormente sollecitato il deposito continua a deformarsi ma senza variare di volume. Questa condizione finale viene indicata in letteratura con il termine di stato critico o di stato ultimo. L'indice dei vuoti del terreno assume un valore caratteristico che prende il nome di indice dei vuoti critico (e_f), funzione esclusivamente della composizione granulometrica e della forma dei granuli.

Al raggiungimento dello stato critico il terreno assume un angolo di resistenza al taglio che dipende esclusivamente dalla composizione granulometrica e mineralogica dei granuli. ***Non dipende cioè dal grado di addensamento***. Questo angolo di attrito viene detto angolo di attrito a volume costante (φ_{cv}).

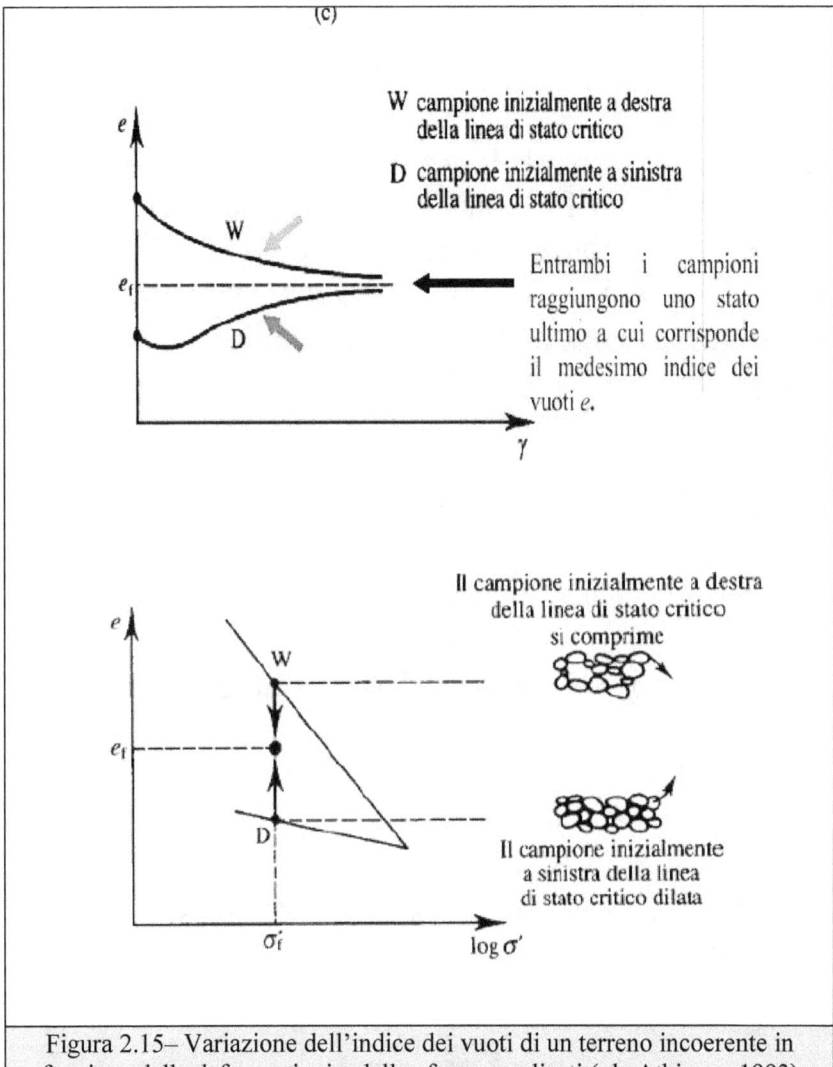

Figura 2.15– Variazione dell'indice dei vuoti di un terreno incoerente in funzione delle deformazioni e dello sforzo applicati (da Atkinson,1993)

L'angolo di resistenza al taglio mobilitato nel terreno può essere visto quindi come dato dalla somma di due componenti: uno legato principalmente alla granulometria del deposito (φ_{cv}), l'altro al suo grado di addensamento (φ_{dil}):

$$(8) \quad \varphi_{mob} = \varphi_{cv} + \varphi_{dil}$$

La grandezza φ_{dil} prende il nome di angolo di dilatanza e assume valori positivi nei terreni a comportamento dilatante (addensati), almeno nei dintorni della resistenza di picco, e valori negativi nei terreni a comportamento contrattivo (sciolti). Nei depositi con un grado di addensamento elevato l'angolo di resistenza al taglio massimo mobilitabile e quindi dato da:

$$(9) \quad \varphi_{max} = \varphi_{cv} + \varphi_{dilmax}$$

dove il termine φ_{dilmax} indica il massimo incremento che subisce φ_{dil} nella condizione di picco (τ_M nella figura 2.14). Nei depositi con un basso valore di densità relativa si ha invece:

$$(10) \quad \varphi_{max} = \varphi_{cv}$$

in quanto φ_{dil}, in questi terreni, assume un valore massimo uguale a zero:

$$\varphi_{dilmax} = 0$$

Si può immaginare quindi, anche se fisicamente non è del tutto corretto, che, per tutti i terreni, in corrispondenza di un livello deformativo nullo, che corrisponde a una situazione di assenza di sollecitazioni esterne, si abbia:

$$\varphi_{mob} = \varphi_{cv} + \varphi_{dil} = 0$$

In cui φ_{dil} è una quantità negativa negativa uguale in valore assoluto a φ_{cv}. A un incremento delle deformazioni corrisponde un aumento di φ_{dil} che assume un valore nullo in corrispondenza di una resistenza al taglio prossima a quella ultima (τ_U nella figura 2.14). Nei terreni addensati, superata questa soglia, φ_{dil} diventa positivo.

Nella tabella seguente, tratta da Lambe e Whitmann (1969), sono messi a confronto i valori di φ_{cv} con quelli massimi mobilitabili (φ_{picco}) per diverse granulometrie.

Litologia	Min φ_{cv}	Max φ_{cv}	Min φ_{picco}	Max φ_{picco}
Limo (non plastico)	26	30	28	32
Sabbia uniforme da media a fina	26	30	30	34
Sabbia ben assortita	30	34	34	40
Sabbia e ghiaia	32	36	36	42

Si può notare che φ_{cv} e φ_{picco} aumentano al crescere della dimensione media dei granuli. Anche la differenza fra φ_{cv} e φ_{picco}, che corrisponde all'angolo di dilatanza massimo (φ_{dilmax}), tende a crescere dai depositi a granulometria più fine a quelli con granulometria più grossolana. Fisicamente questa differenza può essere giustificata dal fatto che lo spostamento di granuli di dimensioni maggiori richiede un lavoro più elevato da parte delle forze esterne.

2.5.2 Determinazione di $\varphi_{c.v.}$

L'angolo di resistenza al taglio a volume constante $\varphi_{c.v.}$ può essere ricavato direttamente da misure sperimentali in laboratorio, e in qualche caso anche in situ, o attraverso correlazioni empiriche.

Misura diretta attraverso la stima dell'angolo di riposo.

Nella tabella 1 vengono messi a confronto gli angoli di resistenza al taglio a volume costante $\varphi_{c.v.}$ e di riposo φ_i di alcuni terreni incoerenti. Per angolo di riposo si intende l'angolo che un volume di terreno incoerente asciutto forma con l'orizzontale in assenza di contenimento laterale. Corrisponde in pratica all'angolo di scarpa di pendii naturali o artificiali costituiti da sabbia o ghiaia privi di coesione.

Si nota immediatamente la coincidenza numerica fra le due grandezze, coincidenza che ci fornisce una modalità semplice e diretta di stima del valore di $\varphi_{c.v.}$.

Litologia	Min φ_{cv}	Max φ_{cv}	Min φ_i	Max φ_i
Limo (non plastico)	26	30	26	30
Sabbia uniforme da fine a media	26	30	26	30
Sabbia ben assortita	30	34	30	34
Sabbia e ghiaia	32	36	32	36
Tabella 1: $\varphi_{c.v.}$ e φ_i (Hough, 1957)				

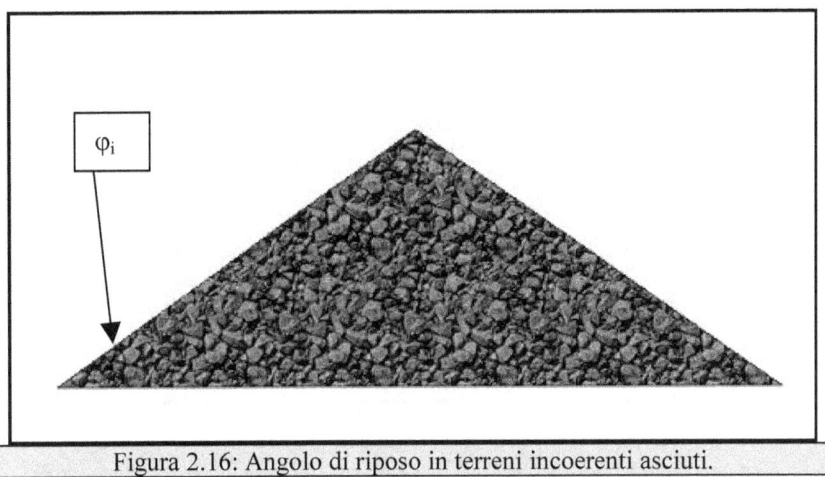

Figura 2.16: Angolo di riposo in terreni incoerenti asciuti.

In pratica si tratta di prelevare un campione asciutto dallo strato preso in esame e di depositarlo su una superficie orizzontale. L'inclinazione che la superficie del prisma di terreno forma naturalmente rispetto all'orizzontale rappresenta una buona stima del valore di $\varphi_{c.v.}$. Nel caso di sabbie fini umide, per annullare la coesione apparente dovuta alle tensioni capillari, la prova va effettuata in un contenitore pieno d'acqua (figura 2.17).

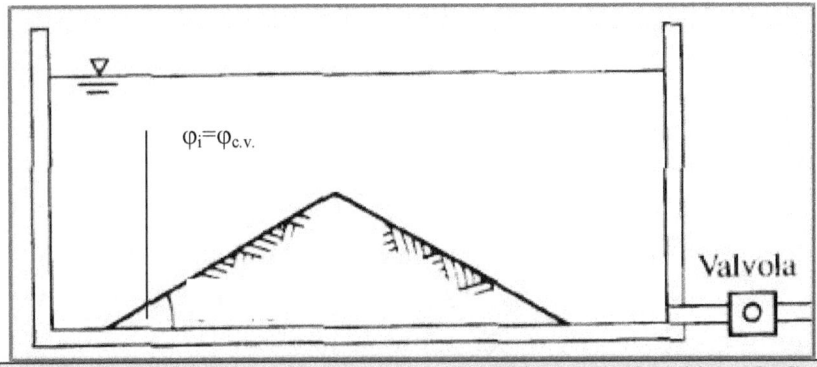

Figura 2.17: Misura dell'angolo di riposo in sabbia umida (da Atkinson[11]).

Procedure più sofisticate si basano sull'impiego di un cilindro rotante a bassa velocità (figura 2.18) all'interno del quale è sistemato il campione di terreno. Anche in questo caso viene misurato l'angolo che la superficie del prisma di terreno forma con il piano orizzontale.

In terreni coesivi la determinazione di $\varphi_{c.v.}$ con questo approccio diventa più difficile, a causa ovviamente della presenza della coesione, ed è quindi sconsigliata.

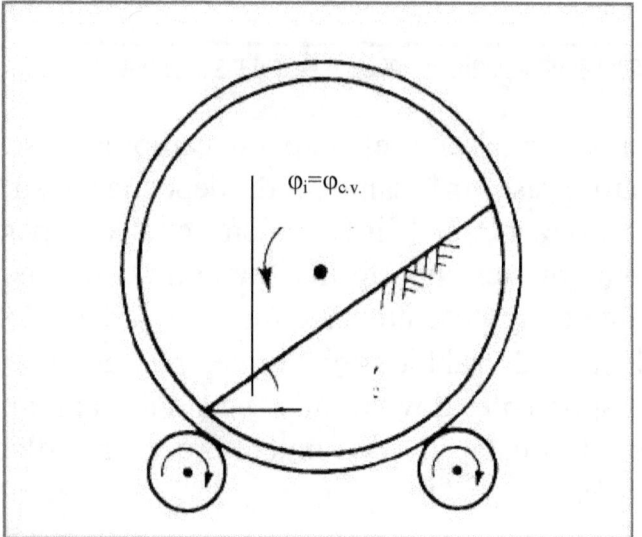

Figura 2.18: Misura dell'angolo di riposo con cilindro rotante(da Atkinson[11]).

Misura diretta da prove di taglio in laboratorio.

In base alla definizione data nel paragrafo precedente (formula 8), l'angolo di resistenza al taglio a volume costante $\varphi_{c.v.}$ può essere messo in rapporto con l'angolo φ attraverso la seguente relazione:

$$\varphi = \varphi_{c.v.} + \varphi_{dil}$$

dove φ_{dil} è l'angolo di dilatanza. I termini contenuti nella (8) possono essere ricavati direttamente attraverso l'esecuzione e l'interpretazione di una prova di taglio diretto. Da un punto di vista analitico si ha:

$$(9)\, Tdx - Ndy = \mu Ndx$$

dove:

T = taglio applicato;
N = carico normale di confinamento;
dx = incremento dello spostamento orizzontale;
dy = incremento dello spostamento verticale;
µ = coefficiente di attrito.

La (9) esprime l'uguaglianza fra i lavori esterni, membro di sinistra, dovuti alle forze agenti N e T e quello interni, membro di destra, dovuto all'attrito che si sviluppa sul piano di taglio. Dividendo per Ndx ambo i membri e raccogliendo si ha:

$$(10)\, \frac{T}{N} = \mu + \frac{dy}{dx}$$

$$T = N\left(\mu + \frac{dy}{dx}\right)$$

Ponendo:

$$tg\varphi = \mu + \frac{dy}{dx}$$

si ritrova la legge di Mohr-Coulomb (2):

$$T = Ntg\varphi$$

e quindi:

$$(11)\, \frac{T}{N} = tg\varphi$$

L'angolo di resistenza al taglio φ perciò, coerentemente con la (8), è dato da due componenti, una costante (μ) e una variabile (dy/dx). E' evidente che la componente costante corrisponde a:

$$\mu = tg\varphi_{c.v.}$$

mentre quella variabile a:

$$dy/dx = tg\varphi_{dil}$$

Nel caso di terreni incoerenti sciolti φ_{dil} è uguale a zero, in quanto le deformazioni avvengono a volume costante (dy=0). In questo caso la (10) diventa:

$$(12) \frac{T}{N} = \mu$$

cioè:

$$tg\varphi = tg\varphi_{c.v.}$$

Eseguendo quindi una prova di taglio diretto su un campione di sabbia scarsamente addensato il valore di φ che si ottiene interpretando il diagramma di Mohr è direttamente quello a volume costante.
Su un campione di sabbia addensata il valore dell'angolo di resistenza a volume costante può essere ottenuto direttamente proseguendo la prova fino all'istante in cui, superato il taglio di picco, si ha la condizione dy=0. In base alla (12) il rapporto fra la forza di taglio corrispondente a dy=0 e la forza normale di confinamento N fornisce direttamente $\varphi_{c.v.}$.

Esempio 2.2.

E' stata eseguita una prova di taglio diretto su un campione di sabbia addensato, applicando un carico normale di 720 N. I risultati sono riassunti nella tabella seguente:

Passo	X(mm)	Y(mm)	T(N)	dy/dx	T/N
1	0,0	0,00	0	0,000	0,000
2	0,5	0,18	91	0,360	0,126
3	1,0	0,31	164	0,260	0,228
4	1,5	0,40	222	0,180	0,308
5	2,0	0,47	250	0,140	0,347
6	3,0	0,55	294	0,080	0,408
7	4,0	0,61	308	0,060	0,428
8	5,0	0,65	322	0,040	0,447
9	6,0	0,67	337	0,020	0,468
10	7,0	0,67	352	0,000	0,489
11	8,0	0,67	351	0,000	0,488

In corrispondenza del passo d'incremento di T n.10 il valore di dy risulta uguale a 0. Infatti la differenza fra gli spostamenti verticali Y del passo 10 e del passo 9 è:
$$dy = 0,67 - 0,67 = 0$$

Il valore di T/N che leggiamo quindi in corrispondenza del passo n.10 fornisce il valore di $\varphi_{c.v.}$:
$$\frac{T}{N} = \frac{352}{720} = 0,489 = tg\varphi_{c.v.}$$
$$\varphi_{c.v.} = 26°$$

Se la prova non viene proseguita fino a ottenere dy=0, il valore di $\varphi_{c.v.}$ può essere ricavato indirettamente stimando l'angolo di dilatanza massimo, che corrisponde al valore di dy/dx al raggiungimento del taglio di picco:

$$(13) \left(\frac{T}{N}\right)_{picco} = \mu + \left(\frac{dy}{dx}\right)_{max}$$

$$(14)\ \mu = \left(\frac{T}{N}\right)_{picco} - \left(\frac{dy}{dx}\right)_{max}$$

Esempio 2.3.

E' stata eseguita una prova di taglio diretto su un campione di sabbia addensato, applicando un carico normale di 360 N. I risultati sono riassunti nella tabella seguente:

Passo	X(mm)	Y(mm)	T(N)	dy/dx	T/N
1	0,0	0,00	0	0,000	0,000
2	0,5	0,12	88	0,240	0,244
3	1,0	0,16	147	0,080	0,408
4	1,5	0,10	220	-0,120	0,611
5	2,0	-0,08	305	-0,360	0,847
6	3,0	-0,07	399	-0,620	1,108
7	4,0	-1,20	356	-0,500	0,989
8	5,0	-1,60	319	-0,400	0,886
9	6,0	-1,90	284	-0,300	0,789
10	7,0	-2,10	247	-0,200	0,686
11	8,0	-2,25	230	-0,150	0,639

In questo caso la prova si è conclusa prima di arrivare alla condizione dy=0. L'angolo di dilatanza massimo viene stimato considerando, in valore assoluto, la tangente del rapporto dy/dx misurato in corrispondenza del raggiungimento del taglio di picco (passo n.6). Applicando la (14) si ottiene:

$$\left(\frac{T}{N}\right)_{picco} - \left(\frac{dy}{dx}\right)_{max} = \frac{399}{360} - 0,620 = 0,488 = tg\varphi_{c.v.}$$

$$\varphi_{c.v.} = 26°$$

Stima da correlazioni empiriche.

Nel caso il volume significativo sia stato indagato attraverso prove penetrometriche dinamiche o statiche l'angolo di resistenza al taglio a volume costante può essere ricavato attraverso l'applicazione di correlazioni empiriche.
Bolton (1986) propone la seguente correlazione fra $\varphi_{c.v.}$ e φ_{picco}, nella condizione di deformazione piana, che è quella comunemente usata nei calcoli geotecnici:

$$(15)\, \varphi_{c.v.} = \varphi_{picco} - 5I_r$$

dove I_r è l'indice di dilatanza relativa, che varia nell'intervallo 0÷4.
La grandezza I_r viene valutata in funzione della pressione effettiva media σ_n', distinguendo fra due casi:

σ_n'≤150 kPa≅1,5 kg/cmq: $\quad (16)\, I_r = QD_r - 1$

σ_n'>150 kPa≅1,5 kg/cmq:
$$(17)\, I_r = D_r\left[Q - \ln\left(\frac{\sigma_n'}{150}\right)\right] - 1$$

in cui D_r è la densità relativa, in forma decimale e Q è un parametro in funzione della composizione mineralogica dei granuli.

Tipo	Q
Quarzo	5
Feldspato	5
Calcare	3
Gesso	0,5
Tabella 2: Valori di Q	

La pressione effettiva media è data da:

$$(18)\; \sigma_n' = \frac{\bar{\sigma}_{v0} + 2\bar{\sigma}_{h0}}{3}$$

Le grandezze σ_{v0} e σ_{h0} sono rispettivamente la pressione efficace media verticale a metà strato e quella orizzontale, legate fra loro dalla relazione:

$$(19)\; \bar{\sigma}_{h0} = K_0 \bar{\sigma}_{v0}$$

Il coefficiente di spinta a riposo K_0, in condizioni normalmente consolidate, può essere posto in relazione all'angolo di resistenza al taglio di picco attraverso la correlazione empirica (Jaki, 1967):

$$(20)\; K_0 = 1 - sen\varphi_{picco}$$

Riassumendo, per ricavare $\varphi_{c.v.}$ partendo da una misura ottenuta da una prova penetrometrica (q_c o N_{spt}), i passaggi di calcolo sono i seguenti:

1. si stimano, attraverso correlazioni empiriche con q_c o N_{spt}, ricavate dalla letteratura tecnica, l'angolo di resistenza al taglio di picco φ_{picco} e la densità relativa D_r;
2. si calcola la pressione efficace verticale a metà strato con la relazione $\sigma_{v0} = \gamma z$, dove γ è il peso di volume del terreno e z la profondità dalla superficie di riferimento del punto medio dello strato;
3. si stima il coefficiente di spinta a riposo con la relazione (20) e la pressione efficace orizzontale con la (19);
4. si calcola la pressione effettiva media con la (18);

5. si seleziona il valore di Q in funzione della composizione mineralogica dei granuli;
6. in funzione del valore di σ_n', con le correlazioni (16) o (17) si stima I_r;
7. infine si calcola $\varphi_{c.v.}$ con la (15).

Esempio 2.3.

E' stata eseguita una prova penetrometrica statica a punta meccanica, individuando fra le profondità di 2,40 m e 4,80 m dal p.c. uno strato omogeneo di sabbia silicea. Si è calcolato il $\varphi_{c.v.}$ attraverso la correlazione empirica di Bolton.

Profondità (m)	q_c(kg/cmq)
2,4	76
2,6	111
2,8	89
3,0	242
3,2	222
3,4	262
3,6	138
3,8	130
4,0	135
4,2	149
4,4	164
4,6	157
4,8	133

Per la stima del φ_{picco} si è impiegata la formula di Meyerhof:

$$\varphi_{picco} = 17 + 4,49\ln(q_c)$$

per la densità relativa quella di Jamiolkowski et al.:

$$Dr = 100\left[0,268\ln\left(\frac{q_c}{\sigma_{v0}^{0.5}}\right) - 0,675\right]$$

Profondità (m)	q_c(kg/cmq)	$\varphi_{picco}(°)$	D_r	σ_{v0}(kg/cmq)
2,4	76	36	0,60	0,42
2,6	111	38	0,69	0,46
2,8	89	37	0,62	0,50
3,0	242	42	0,85	0,54
3,2	222	41	0,85	0,57
3,4	262	42	0,85	0,61
3,6	138	39	0,70	0,65
3,8	130	39	0,68	0,68
4,0	135	39	0,68	0,72
4,2	149	39	0,70	0,76
4,4	164	40	0,72	0,79
4,6	157	40	0,70	0,83
4,8	133	39	0,65	0,87

Si sono calcolati quindi con le relazioni (20), (19) e (18) rispettivamente K_0, σ_{h0} e σ_n'.

Profondità (m)	σ_{v0}(kg/cmq)	K_0	σ_{h0}(kg/cmq)	σ_n'(kg/cmq)
2,4	0,42	0,412	0,173	0,255
2,6	0,46	0,384	0,177	0,271
2,8	0,50	0,398	0,199	0,299
3,0	0,54	0,331	0,179	0,299
3,2	0,57	0,344	0,196	0,321
3,4	0,61	0,331	0,202	0,338
3,6	0,65	0,371	0,241	0,377
3,8	0,68	0,371	0,252	0,395
4,0	0,72	0,371	0,267	0,418
4,2	0,76	0,371	0,282	0,441
4,4	0,79	0,357	0,282	0,451
4,6	0,83	0,357	0,296	0,474
4,8	0,87	0,371	0,323	0,505

Infine con le formule (16) e (17), essendo sempre nel caso $\sigma_n' \leq 150$ kPa$\cong 1,5$ kg/cmq, si sono stimati I_r e $\varphi_{c.v.}$. Il parametro Q è stato posto uguale a 5 (sabbia silicea).

Profondità (m)	$\varphi_{picco}(°)$	D_r	Ir	$\varphi_{c.v.}(°)$
2,4	36	0,60	2,00	26,0
2,6	38	0,69	2,45	25,8
2,8	37	0,62	2,10	26,5
3,0	42	0,85	3,25	25,8
3,2	41	0,85	3,25	24,8
3,4	42	0,85	3,25	25,8
3,6	39	0,70	2,50	26,5
3,8	39	0,68	2,40	27,0
4,0	39	0,68	2,40	27,0
4,2	39	0,70	2,50	26,5
4,4	40	0,72	2,60	27,0
4,6	40	0,70	2,50	27,5
4,8	39	0,65	2,25	27,8

2.5.3 Scelta del valore di φ.

Alla luce dei concetti emersi da questa introduzione sulla definizione dell'angolo di resistenza al taglio, è possibile a questo punto affrontare il problema della scelta del valore di φ da usare nel calcolo della capacità portante nelle diverse situazioni. Ricordiamo, riprendendo le definizioni del capitolo 1, che sono possibili tre modalità di rottura del terreno per superamento del carico limite:

❏ rottura generale;
❏ rottura locale;
❏ rottura per punzonamento.

Quale valore di φ dovrà essere associato a ognuna di queste tre situazioni?
Indicativamente, nel caso di rottura locale o generale, tipica di terreni da mediamente a molto addensati, si

potrà usare l'angolo di resistenza al taglio di picco. Nella rottura per punzonamento andrà invece usato l'angolo di attrito a volume costante.

A livello operativo l'angolo di resistenza al taglio può essere ricavato direttamente attraverso correlazioni empiriche che legano φ a N_{spt} (numero di colpi SPT equivalenti) e q_c (resistenza alla punta da CPT) o indirettamente correlandolo alla densità relativa del terreno (anch'essa ottenuta da prove SPT o CPT).

Utilizzando test di laboratorio, per esempio prove di taglio diretto, si può ricavare φ in corrispondenza di un D_r indicativamente del 70% circa ($\varphi_{Dr=70}$). Per i casi di rottura generale quindi si potrà usare direttamente $\varphi_{Dr=70}$, mentre per la rottura locale si potrà applicare una correzione in funzione della densità relativa, come suggerito da Vesic:

$$(21) \quad \tan\varphi = (0{,}67 + D_r - 0{,}75 D_r^2)\tan\varphi_{Dr=70}$$

Va tenuto presente però, nella scelta del valore di φ da impiegare nel calcolo, che, come ricordato nel capitolo 1, il meccanismo di rottura è funzione anche della geometria della fondazione.

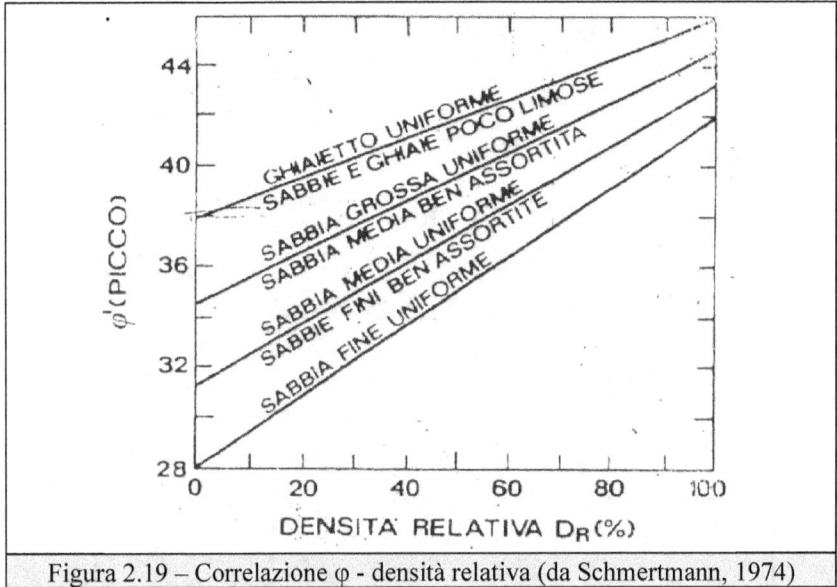

Figura 2.19 – Correlazione φ - densità relativa (da Schmertmann, 1974)

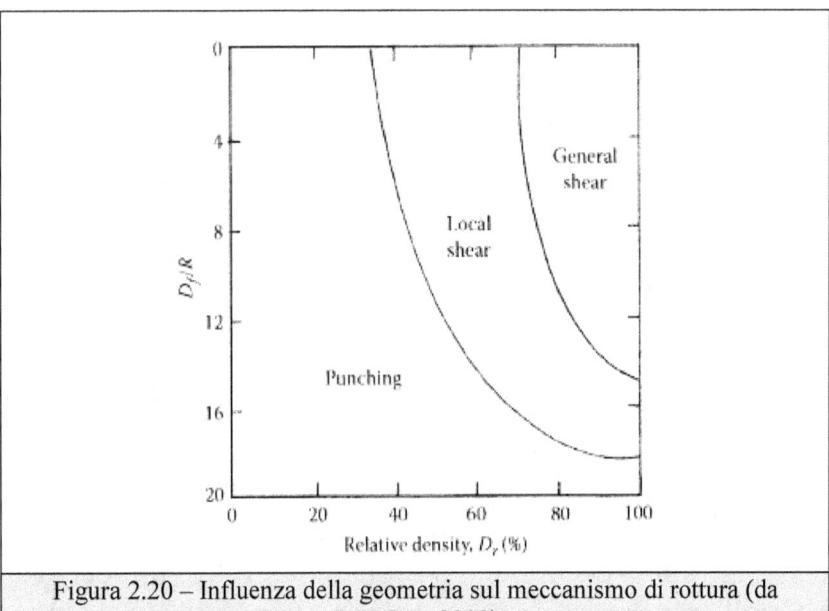

Figura 2.20 – Influenza della geometria sul meccanismo di rottura (da B.M.Das, 2009)

Nell'applicare queste semplici regole è necessario ricordarsi che esistono alcune complicazioni.

❏ Complicazione n.1.

Per elevati valori degli sforzi efficaci la legge che lega questi ultimi alla resistenza al taglio del terreno non è più di tipo lineare, cioè non segue più il criterio di Mohr-Coulomb.

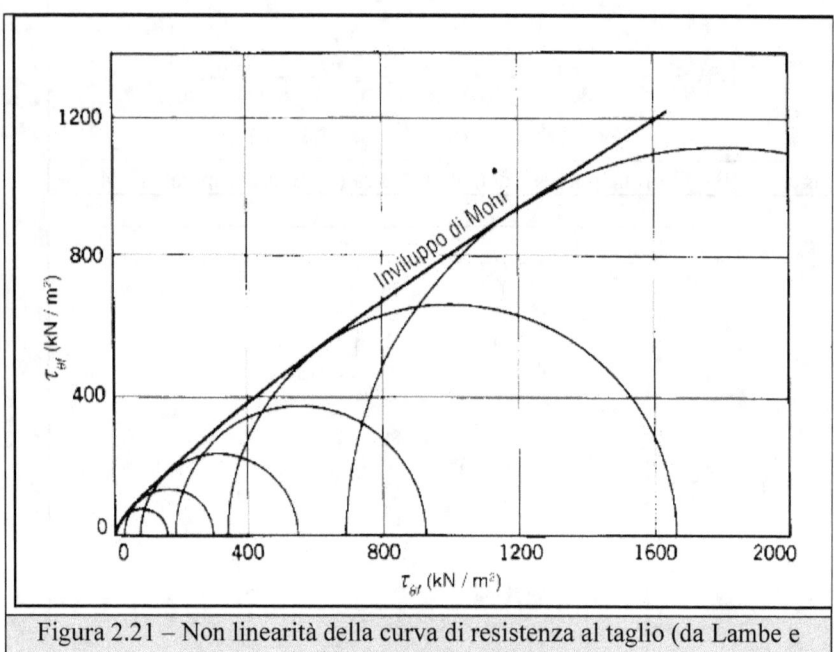

Figura 2.21 – Non linearità della curva di resistenza al taglio (da Lambe e Whitman, 1969), 2009)

Osservando il modello proposto da Bolton(1986), visto nel paragrafo precedente, si nota che, oltre un certo limite, all'aumentare della pressione efficace l'angolo di dilatanza tende a diminuire. In pratica per valori di σ_n' molto alti φ tende ad assumere valori prossimi a φ_{cv}.

Terzaghi propose di correggere φ per valori estremi di σ_n' con la seguente correlazione:

$$(22)\ \tan\varphi_L = \frac{2}{3}\tan\varphi_{Dr=70}$$

Questa è la celeberrima correzione di Terzaghi. Con una certa approssimazione, sempre nell'ipotesi di avere stimato φ in condizioni di elevato addensamento ($D_r \geq 70\%$), si può porre:

$$\tan\varphi_{cv} \approx \frac{2}{3}\tan\varphi_{Dr=70}$$

❑ Complicazione n.2

Solitamente nel calcolo della capacità portante si suppone, schematicamente, che la rottura sia compresa nel piano parallelo al lato corto della fondazione B. L'ipotesi di rottura bidimensionale è vera in realtà solo nelle fondazioni nastriformi dove sia verificata la condizione L>>B, in cui L indica il lato lungo della fondazione. Negli altri casi entra in gioco la componente tridimensionale del problema. Sperimentalmente si è osservato che l'angolo di resistenza al taglio misurato in condizioni di rottura planare (φ_{ps}), per esempio da prove di taglio diretto, non corrisponde, a parità di composizione granulometrica e grado di addensamento, a quello determinabile con prove triassiali (φ_{tr}). In generale infatti si ha:

$$\varphi_{ps} > \varphi_{tr}$$

Esistono in letteratura diverse correlazioni empiriche che legano i due angoli di resistenza al taglio. Citiamo quella di Lade e Lee (1976):

$$(23)\, \varphi_{ps}(°) = 1{,}5\varphi_{tr}° - 17°$$

In condizioni di rottura bidimensionale andrebbe quindi usato l'angolo di resistenza per taglio piano (φ_{ps}), nel caso di rottura tridimensionale bisognerebbe fare riferimento a quello triassiale (φ_{tr}). Esistono poi, naturalmente, situazioni intermedie. Si possono verificare in definitiva quattro casi.

1. L'angolo di resistenza al taglio è stato ricavato da prove di taglio diretto e la fondazione è di tipo nastriforme. In questo caso si può porre direttamente $\varphi_{calcolo} = \varphi_{ps}$, dove $\varphi_{calcolo}$ indica il valore di φ da utilizzare nella stima della capacità portante della fondazione.
2. L'angolo di resistenza al taglio è stato ricavato da prove di taglio diretto e la fondazione <u>non</u> è di tipo nastriforme. Il mancato rispetto della condizione L>>B rende necessario applicare una correzione al valore di φ_{ps} prima di passare al calcolo della portanza. Fra le diverse correlazioni empiriche proposte ricordiamo quella di Meyerhof (1963):

$$(24)\, \varphi_{calcolo} = \left(1{,}1 - 0{,}1\frac{B}{L}\right)\varphi_{tr}$$

In pratica, noto φ_{ps}, si procede stimando inizialmente φ_{tr} attraverso l'inversione della (23) e quindi si

applica la (24). Alcuni Autori suggeriscono di non considerare la correzione (24) quando B/L sia minore o uguale a 0,5.
3. L'angolo di resistenza al taglio è stato ricavato da prove triassiali e la fondazione è di tipo nastriforme. In questo situazione andrà applicata la (23), imponendo poi $\varphi_{calcolo} = \varphi_{ps}$.
4. L'angolo di resistenza al taglio è stato ricavato da prove di triassiali e la fondazione <u>non</u> è di tipo nastriforme. Si tratterà in questo caso di applicare la correzione (24) in funzione della geometria della fondazione. Si noti che, in base a questa formula, la condizione $\varphi_{calcolo} = \varphi_{tr}$ si potrà verificare solo nel caso in cui sia B=L (fondazione quadrata).

Spesso l'angolo di resistenza al taglio si ottiene correlando φ agli indici ricavati da prove penetrometriche (SPT o CPT). Poiché solitamente queste formule, di natura empirica, si basano su correlazioni fra N_{spt} o q_c e angoli di resistenza al taglio ricavati da prove triassiali, si può porre:

$$\varphi_{penetrometrico} = \varphi_{tr}$$

Va tenuto presente che spesso nei casi 3 e 4, a favore della sicurezza, si procede non applicando alcun tipo di correzione.

❑ Complicazione n.3.

Quando detto sulla valutazione dell'angolo di resistenza al taglio da usare nel calcolo della portanza nei diversi scenari parte dal presupposto che si abbia una stima affidabile del grado di addensamento medio del terreno di fondazione. La densità relativa è infatti la principale variabile che condiziona il manifestarsi di un tipo di rottura piuttosto di un altro.
Nel caso la scarsità di dati non consenta di ottenere una stima affidabile di questo parametro, inteso come valore caratteristico secondo le indicazioni di Normativa, è preferibile, per ragioni di sicurezza, operare, <u>in tutti i casi</u>, utilizzando l'angolo di resistenza al taglio a volume costante φ_{cv}. Si pensi al caso classico di uno strato di terreno parametrizzato attraverso le analisi di laboratorio su un singolo campione o da correlazioni con l'indice N_{spt} ricavato da un'unica prova SPT in foro di sondaggio. Poiché in queste situazioni nulla può garantire chi esegue i calcoli geotecnici di non trovarsi di fronte a una anomalia locale, diventa necessario operare in condizioni di sicurezza, facendo riferimento a φ_{cv}.
Si ricorda che nella stima della portanza, se si impiega l'angolo di resistenza al taglio a volume costante l'approccio di calcolo secondo Normativa da utilizzare dovrà essere il 2, con i coefficienti di sicurezza parziali per i parametri geotecnici unitari. Ciò perché, operando già in condizioni di estrema sicurezza, diventerebbe eccessivamente penalizzate per il dimensionamento delle fondazioni ridurre ulteriormente un parametro

geotecnico rappresentativo della resistenza al taglio ultima del terreno.

2.6 Scelta dei parametri di resistenza al taglio nelle condizioni non drenate.

In condizioni non drenate la resistenza al taglio mobilitata dal terreno non è funzione del carico applicato sulla fondazione e quindi non varia al variare di quest'utlimo. Nell'equazione di Tresca manca infatti il termine relativo agli sforzi efficaci.

$$\tau = c_u$$

La c_u in realtà non è una proprietà intrinseca del terreno e il criterio di Tresca va visto solo come un modo semplificato di descrivere la resistenza al taglio dei terreni coesivi in condizioni di drenaggio impedito. La coesione non drenata dipende infatti dall'eccesso di pressione nei pori generata quando il terreno è deformato a volume costante da uno sforzo di taglio e questo eccesso di pressione è funzione delle condizioni di sforzo di taglio iniziali e dalla modalità di deformazione del terreno. Ciò significa che lo stesso terreno può manifestare valori differenti di c_u a seconda del modo in cui viene sollecitato e del suo stato tensionale iniziale. Questo è il motivo per cui da un campione di argilla si ottengono valori di coesione non drenata differenti a seconda che sia sottoposto, per esempio, a prove di compressione a espansione laterale libera o di taglio diretto (figura 2.22).

Da un punto di vista pratico ciò ha delle conseguenze importanti. Si osservi la figura 2.20. Nel caso del rilevato (embankment) si nota che nella posizione 1 il terreno è sollecitato a compressione, nella posizione 2 al taglio, nella posizione 3 in estensione. Inoltre i tre volumi di terreno sono posizionati a profondità diverse, risentendo quindi di pressioni litostatiche diverse. In base alle considerazione fatte sarà lecito aspettarsi valori di resistenza al taglio non drenata diversi nei tre punti.

Tx-C K_0 CU (Laval) Tx-C K_0 CU (Sherbrooke)	$s_{u,av}$ = 22,5 kPa $s_{u,av}$ = 27,5 kPa
Tx-E K_0 CU (Laval)	$s_{u,av}$ = 8,8 kPa
Undrained DSS (Laval)	$s_{u,av}$ = 16,3 kPa
Field Vane (uncorrected)	$s_{u,av}$ = 16,3 kPa
Self boring pressuremeter	$s_{u,av}$ = 19,5 kPa
CPT (N_k = 12,5)	$s_{u,av}$ = 17,5 kPa
$'_p$ = 37° c'= 4 kPa $'_{cv}$ = 34°	$'_p$ = 40 - 60 kPa

Figura 2.22 – Variabilità del parametro c_u (da Jardine et al., 1995)

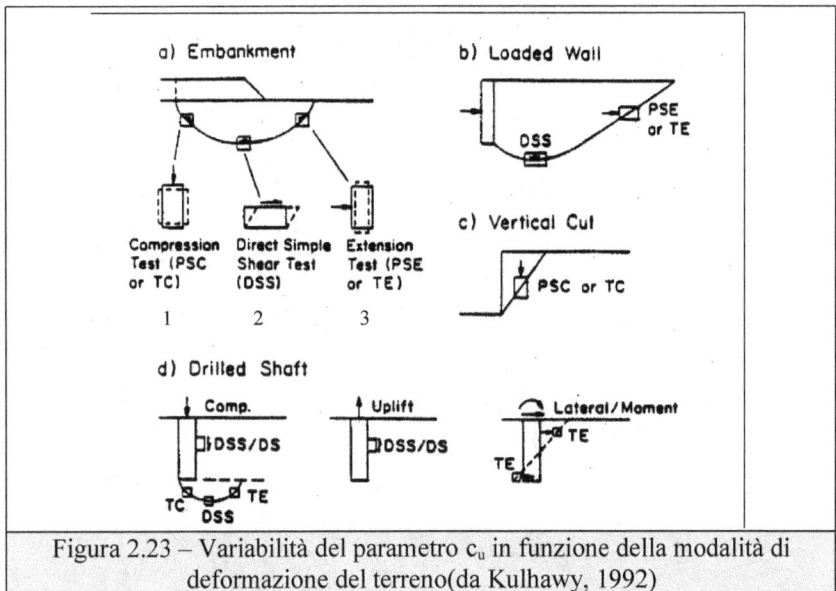

Figura 2.23 – Variabilità del parametro c_u in funzione della modalità di deformazione del terreno (da Kulhawy, 1992)

A livello di calcolo della capacità portante diventa complicato inserire i diversi valori di c_u ottenuti nelle diverse condizioni, a meno di non fare ricorso a complicati modelli numerici. Si tratta quindi di determinare un valore medio della coesione non drenata, che possa essere considerato rappresentativo della condizione dominante. A questo proposito si può notare, dalla figura 2.22, che il valore di c_u ottenuto da correlazioni con prove CPT tende a fornire valori mediati fra le condizioni di estensione, taglio e compressione. L'utilizzo quindi di dati da prove penetrometriche statiche potrebbe essere una soluzione al problema di ottenere valori di calcolo di c_u. Un'alternativa è quella di utilizzare la relazione empirica di Ladd et al.(1977):

$$\left(\frac{c_u}{\sigma_v}\right)_{sc} = k(OCR)^{0,8}$$

che lega la c_u alla pressione litostatica efficace e al rapporto di sovaconsolidazione del terreno (*OCR*). Il parametro k assume normalmente il valore medio di 0,22. La grandezza OCR a sua volta può essere correlata direttamente alla resistenza alla punta q_c misurata con il penetrometro statico, per esempio utilizzando la relazione di Mayne (1995):

$$OCR = 0,33 \frac{(q_c - \sigma_v)}{\sigma_v}$$

Nella valutazione della c_u da introdurre nel calcolo della capacità portante è necessario tenere in considerazione la posizione della superficie piezometrica. La superficie piezometrica è definita come il piano in cui le pressioni neutre sono nulle (*u=0*). Sotto questo piano le u vengono considerate positive, sopra negative.

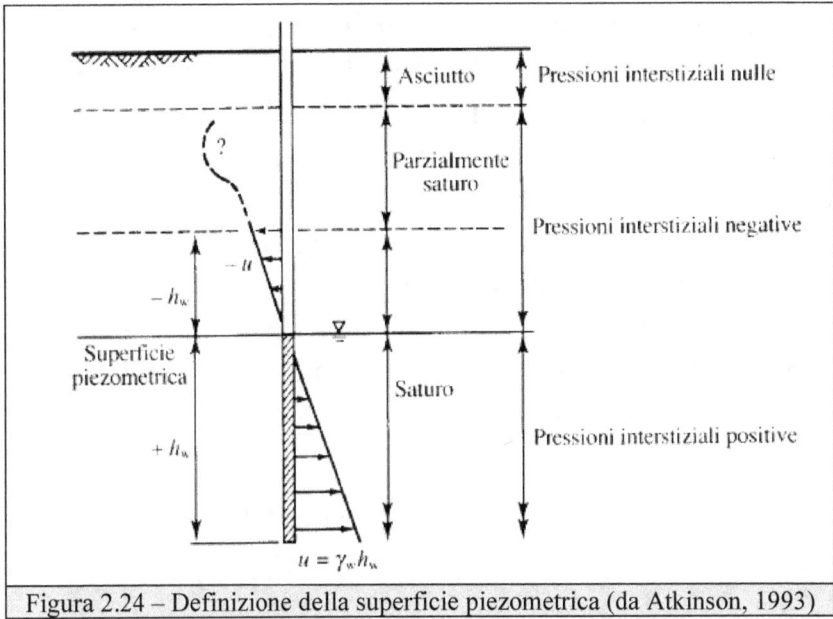

Figura 2.24 – Definizione della superficie piezometrica (da Atkinson, 1993)

I valori di u negativi sono dovuti alla risalita capillare dell'acqua nei pori del terreno. L'altezza della risalita è funzione della composizione granulometrica del deposito (tabella 3).

Descrizione	H (m)
Ghiaia	0,05-0,30
Sabbia grossa	0,03-0,80
Sabbia media	0,12-2,40
Sabbia fine	0,30-3,50
Limo	1,50-12,0
Argilla	>10,0
Tabella 3: altezza della risalita capillare in funzione della granulometria (da Calavera e Lancellotta, 1999)	

A causa delle tensioni neutre negative, nei terreni limo argillosi posti sopra il livello piezometrico sarà sempre presente uno spessore di terreno sovraconsolidato. In base alla relazione di Ladd vista in precedenza, questo spessore manifesterà un valore di c_u particolarmente elevato. Questo valore di coesione non potrà essere usato direttamente nel calcolo della portanza perché di natura effimera. Infatti una variazione nel tempo positiva, cioè verso la superficie, del livello piezometrico condurrebbe a un abbattimento drastico della c_u dello spessore superficiale in seguito all'annullamento della tensione capillare e quindi al decremento del valore di OCR.

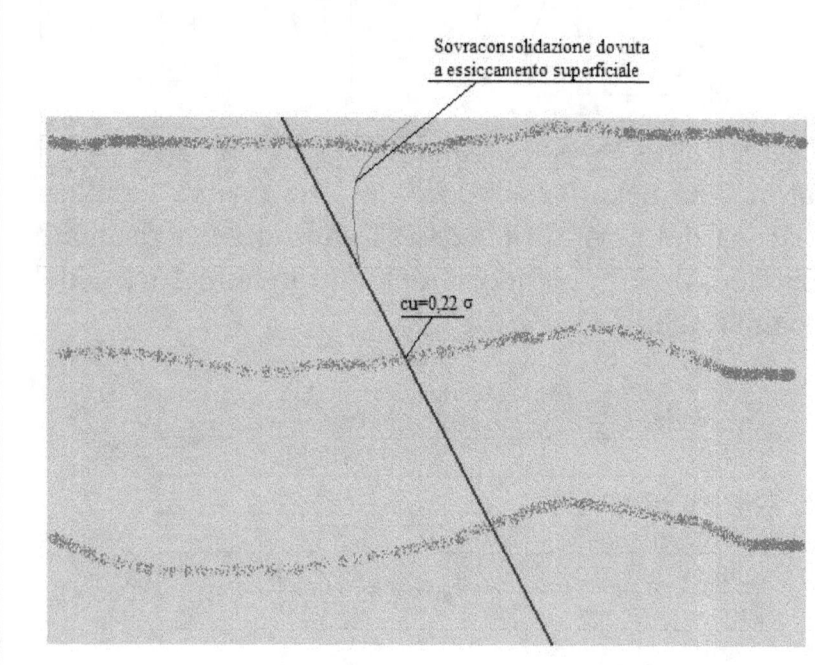

Figura 2.25 – Sovraconsolidazione dovuta alla tensioni capillari.

Nel caso quindi in cui il livello piezometrico si collochi a una profondità relativamente ridotta dell'ordine di qualche metro, rispetto al piano di posa delle fondazioni, a favore della sicurezza, andrebbe usata direttamente la

c_u misurata sotto tale livello. Sarà cioè necessario ipotizzare un'eventuale oscillazione positiva del piano u=0.

Per la stima del valore caratteristico di c_u, secondo la definizione del D.M.14.01.2008, è necessario riuscire a ricostruire l'andamento del parametro con la profondità. Questo è possibile avendo a disposizione una serie di dati continui, per esempio ottenuti da prove CPT. Disponendo solo di dati puntuali e isolati, per esempio da campioni ottenuti da sondaggi, è consigliabile, a favore della sicurezza, calcolare c_u nell'ipotesi di un terreno normalmente consolidato, inserendo OCR=1 nella formula di Ladd, che in questo modo diventa:

$$c_u = 0{,}22\sigma_v'$$

3. Modelli di calcolo della capacità portante.

3.1 Formula generale per il calcolo della capacità portante di fondazioni superficiali.

La maggior parte dei modelli di calcolo della capacità portante di fondazioni superficiali fanno riferimento a quello sviluppato da Terzaghi nel 1948. Nelle ipotesi di:

- fondazione nastriforme di lunghezza (L) infinita;
- terreno omogeneo fino a grandi profondità;
- rottura di tipo generale;
- rapporto $D/B \leq 1$;
- resistenza al taglio del terreno drenata;
- fondazione ruvida;
- base orizzontale;
- piano campagna orizzontale;
- carico centrato e verticale;

il calcolo della capacità portante può essere ricondotto allo schema riportato in figura 3.1.

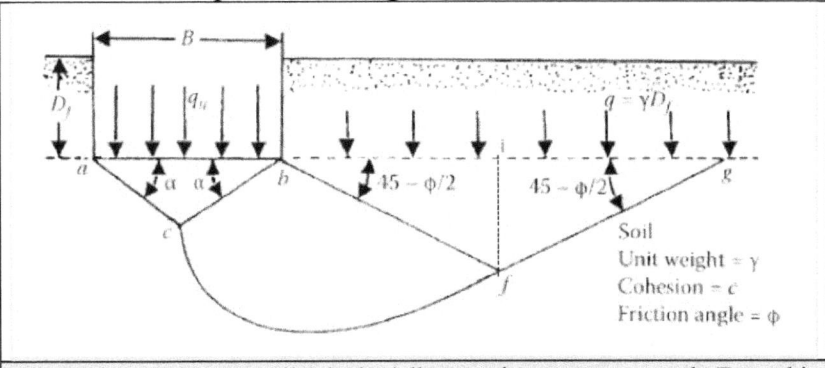

Figura 3.1 – Schema per il calcolo della capacità portante secondo Terzaghi (da B.M.Das, 2009)

Si suppone che nel terreno si possano individuare tre zone a comportamento meccanico e reologico differente (fig.3.2):

I) zona, geometricamente assimilabile ad un cuneo, in cui il terreno mantiene un comportamento elastico e tende a penetrare negli strati sottostanti, solidalmente con la fondazione; questo cuneo forma un angolo uguale a φ rispetto all'orizzontale secondo la formulazione di Terzaghi, uguale a 45°+φ/2 secondo le formulazioni di Meyerhof, Vesic e Brinch Hansen;

II) zona di taglio radiale (zona di Prandtl), rappresentabile graficamente da una serie di archi di spirale logaritmica, dove avviene la trasmissione dello sforzo applicato dal cuneo di materiale che costituisce la zona I alla zona III;

III) zona che si oppone all'affondamento del cuneo della zona I; assume la forma di un triangolo con un'inclinazione dei due lati uguali rispetto all'orizzontale di 45°φ-/2; sulla superficie di questa zona agisce, con effetto stabilizzante, il peso del terreno sopra il piano di posa della fondazione e altri eventuali sovraccarichi.

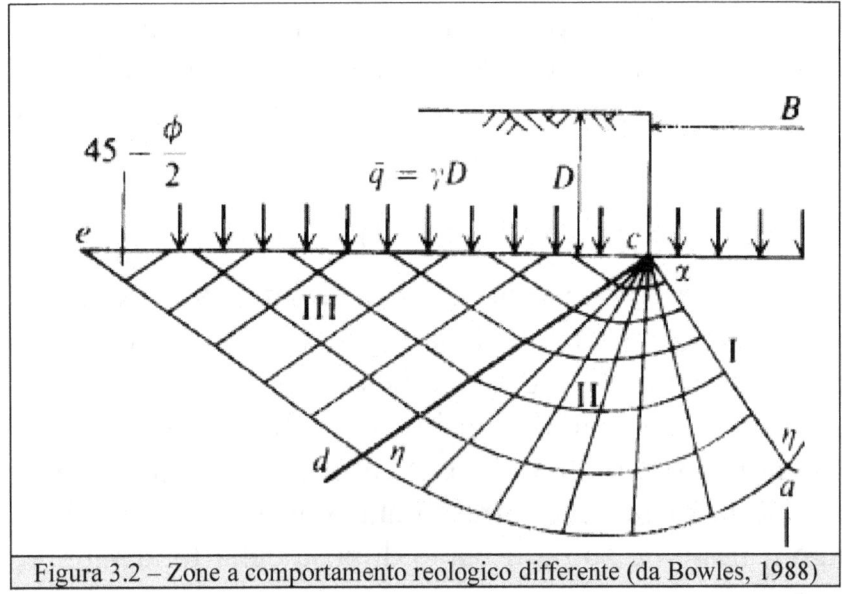

Figura 3.2 – Zone a comportamento reologico differente (da Bowles, 1988)

Il cuneo I, penetrando nel terreno, tende a spostare lateralmente il blocco *bcfi* (fig.3.1). Il movimento laterale viene contrastato dalla spinta passiva che si mobilita nel cuneo *ifg*. Le componenti della resistenza passiva sono tre:

la componente dovuta al volume di terreno compreso nel triangolo *ifg* ;
- la componente dovuta al sovraccarico q;
- la componente legata alla presenza eventuale della coesione in *ifg*.

Si può quindi calcolare qual'è la spinta passiva massima mobilitabile lungo l'interfaccia *if*, sommando le tre componenti:

$$(1)\ Q = P_\gamma + P_q + P_c$$

La grandezza Q rappresenta la capacità portante della fondazione superficiale. Sviluppando e riordinando i termini della somma si ottiene la classica formula trinomia:

$$(2)\ Q = cN_c + \gamma_1 DN_q + 0.5B\gamma_2 N_\gamma$$

dove N_c, N_q e N_γ prendono il nome di fattori di portanza e γ_1 e γ_2 indicano, rispettivamente, il peso di volume del terreno sopra e sotto il piano di posa.

Nella formula vengono considerate anche la resistenza al taglio che si mobilita lungo il perimetro del cuneo II e il suo peso. Viene invece trascurata la resistenza al taglio lungo il tratto *dc* sopra il piano di posa delle fondazioni (figura 3.3).

Nella variante introdotta successivamente da Meyerhof nel 1951 si tiene conto anche della resistenza al taglio mobilitata sopra il piano di posa. Questa modifica si concretizza essenzialmente in valori dei fattori di portanza e dei fattori empirici correttivi (di forma e di approfondimento) diversi da quelli suggeriti da Terzaghi.

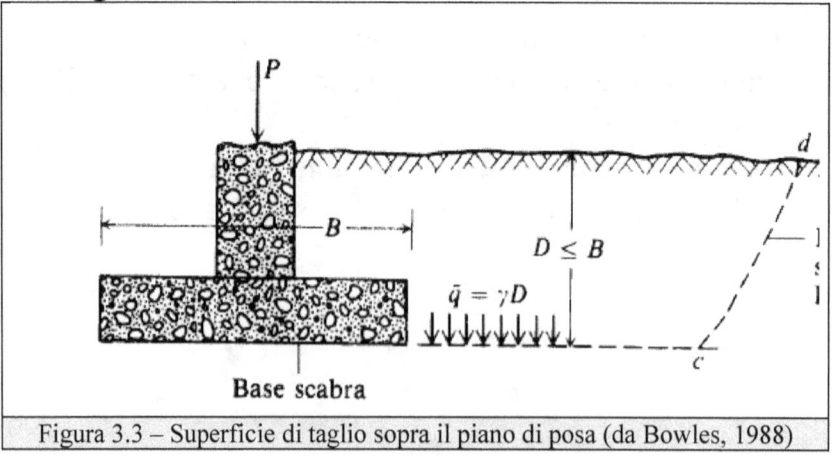

Figura 3.3 – Superficie di taglio sopra il piano di posa (da Bowles, 1988)

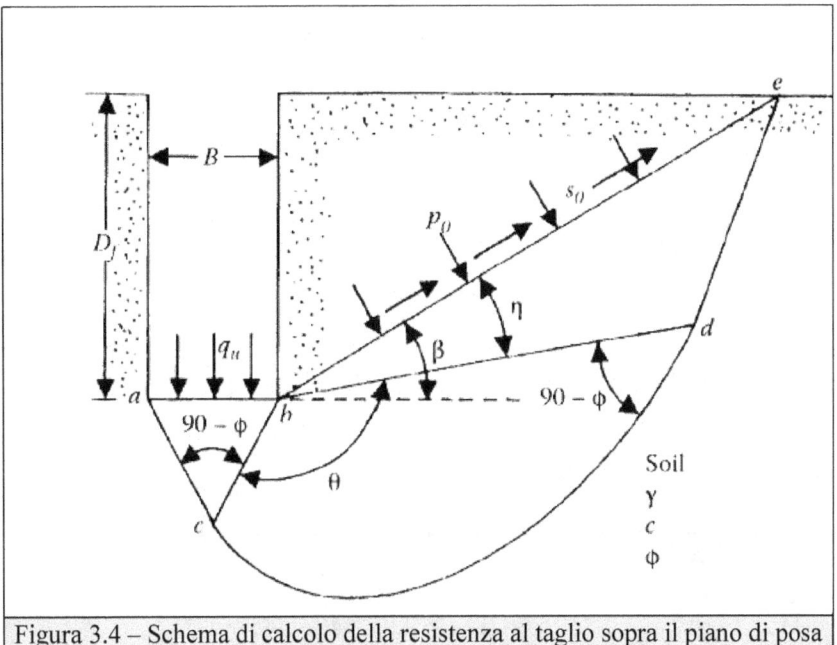

Figura 3.4 – Schema di calcolo della resistenza al taglio sopra il piano di posa (da B.M.Das, 2009)

Le modifiche alla formula di Terzaghi suggerite da Meyerhof, e successivamente da altri Autori, sono state introdotte allo scopo di generalizzarla, rendendola applicabile anche a casi in cui la fondazione:

- abbia un rapporto D/B > 1;
- abbia una forma non nastriforme;
- abbia una base non orizzontale;
- abbia una risultante dei carichi applicati non verticale;
- giaccia su un pendio o nelle immediate vicinanze.

Il risultato di queste correzioni sono le seguenti formule generalizzate:

(3)
$$Q = c\, N_c\, s_c\, d_c\, i_c\, b_c\, g_c + s_q\, \gamma_1\, D\, N_q\, d_q\, i_q\, b_q\, g_q + 0.5\, \gamma_2\, B\, N_\gamma\, s_\gamma\, d_\gamma\, i_\gamma\, b_\gamma\, g_\gamma$$

per $\varphi > 0$

(4)
$$Q = N_c\, c_u\, (1 + s_c + d_c - i_c - b_c - g_c) + \gamma_1\, D$$

per $\varphi = 0$

Le relazioni di calcolo dei valori dei fattori di portanza, N_c, N_q e N_γ, suggeriti dai diversi Autori sono elencate nella tabella che segue.

Autore	$\varphi > 0$
Terzaghi (1948)	$N_q = a^2/[2\cos^2(45 + \varphi/2)]$ dove $a = e^{(0.75\pi - \varphi/2)\,\mathrm{tg}\varphi}$; $N_c = (N_q - 1)\cot\mathrm{g}\varphi$; $N_\gamma = (N_q - 1)\,\mathrm{tg}(1.4\varphi)$;
Meyerhof (1951)	$N_q = e^{\pi\mathrm{tg}\varphi}\,\mathrm{tg}^2(45 + \varphi/2)$; $N_c = (N_q - 1)\cot\mathrm{g}\varphi$; $N_\gamma = (N_q - 1)\,\mathrm{tg}(1.4\varphi)$;
Brinch Hansen (1970)	$N_q = e^{\pi\mathrm{tg}\varphi}\,\mathrm{tg}^2(45 + \varphi/2)$; $N_c = (N_q - 1)\cot\mathrm{g}\varphi$; $N_\gamma = 1.5\,(N_q - 1)\,\mathrm{tg}\varphi$;
Vesic (1973)	$N_q = e^{\pi\mathrm{tg}\varphi}\,\mathrm{tg}^2(45 + \varphi/2)$; $N_c = (N_q - 1)\cot\mathrm{g}\varphi$; $N_\gamma = 2(N_q + 1)\mathrm{tg}\varphi$

Autore	$\varphi=0$
Terzaghi (1948)	$N_q=1$; $N_c=5.71$; $N_\gamma=0$;
Meyerhof (1951)	$N_q=1$; $N_c=5.14$; $N_\gamma=0$;
Brinch Hansen (1970)	$N_q=1$; $N_c=5.14$; $N_\gamma=0$;
Vesic (1973)	$N_q=1$; $N_c=5.14$; $N_\gamma=0$;

Mentre per i fattori di portanza N_c e N_q c'è un generale accordo, per N_γ ogni Autore fornisce un'espressione differente, con variazioni anche del 60% sui valori calcolati. In generale l'espressione di Vesic per N_γ è la meno conservativa, mentre quella di Brinch Hansen è la più cautelativa. D'altra parte il termine collegato a N_γ è quello meno importante, almeno nelle fondazioni nastriformi o per piccoli plinti.

Soil Friction Angle φ (deg)	N_γ			
	Terzaghi	Meyerhof	Vesic	Hansen
28	13.70	11.19	16.72	10.94
29	16.18	13.24	19.34	12.84
30	19.13	15.67	22.40	15.07
31	22.65	18.56	25.99	17.69
32	26.87	22.02	30.22	20.79
33	31.94	26.17	35.19	24.44
34	38.04	31.15	41.06	28.77
35	45.41	37.15	48.03	33.92
36	54.36	44.43	56.31	40.05
37	65.27	53.27	66.19	47.38
38	78.61	64.07	78.03	56.17
39	95.03	77.33	92.25	66.75
40	115.31	93.69	109.41	79.54
41	140.51	113.99	130.22	95.05
42	171.99	139.32	155.55	113.95
43	211.56	171.14	186.54	137.10
44	261.60	211.41	224.64	165.58
45	325.34	262.74	271.76	200.81

Figura 3.5 – Variabilità di N_γ in funzione del metodo di calcolo (da B.M.Das, 2009)

Nel caso di fondazioni costituite da plinti con pianta estesa o platee il termine della formula per il calcolo di Q collegato a N_γ diventa invece prevalente. I valori di capacità portante che si ottengono in questi casi tendono a essere sovrastimati. Questo è dovuto in parte alla variazione negativa di N_γ, misurata sperimentalmente, in funzione dell'incremento delle dimensioni della fondazione e in parte alla non linearità del criterio di Mohr-Coulomb per elevati valori delle tensioni effettive. In questi casi si parla di *effetto scala* (De Beer, 1965).

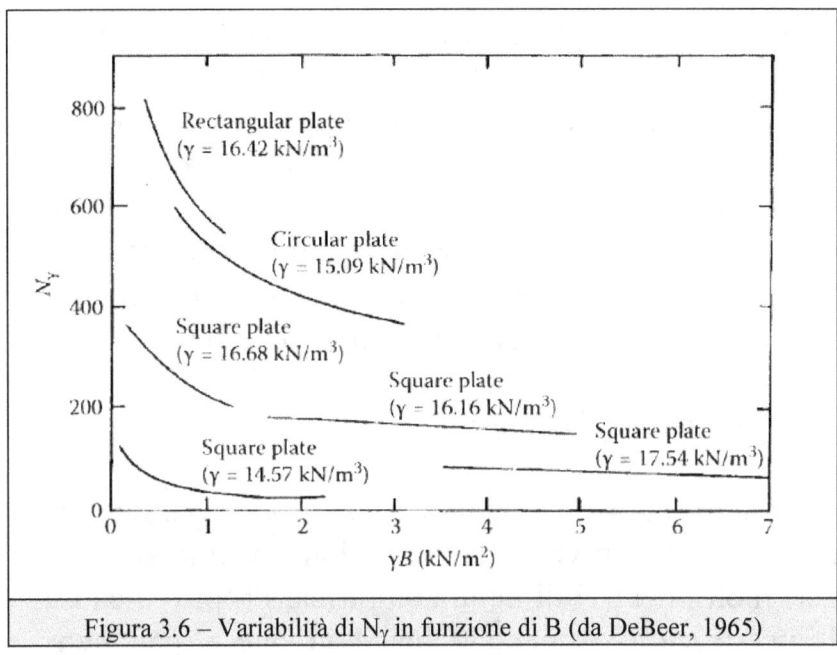

Figura 3.6 – Variabilità di N_γ in funzione di B (da DeBeer, 1965)

Si deve intervenire quindi in due modi.

applicando opportune correzioni al fattore N_γ. Ciò può essere fatto moltiplicando N_γ per un fattore riduttivo, come quello suggerito da Bowles (1988):

$$r_\gamma = 1 - 0,25 \operatorname{Log}_{10}(B/2)$$

❑ inserendo nel calcolo valori ridotti dell'angolo di resistenza al taglio e della coesione del terreno, ipotizzando una rottura per punzonamento.

Nel caso sia prevedibile una rottura del terreno di tipo locale, Vesic suggerisce di impiegare un fattore di portanza N_q ridotto, calcolabile attraverso la seguente relazione:

$$(5)\ N_q' = (1 + tg\varphi) e^{tg\varphi} tg^2\left(45° + \frac{\varphi}{2}\right)$$

I fattori di portanza N_c e N_γ andranno quindi ricalcolati, impiegando direttamente il valore ridotto di N_q. Questa correzione deve essere utilizzata con cautela in quanto comporta un significativo abbattimento del valore della capacità portante. Può essere usata, per esempio, quando il valore dell'angolo resistenza al taglio sia stato stimato con prova di taglio diretto su un campione predisposto con un elevato grado di addensamento (Dr≥70%).

3.2 Fattori empirici correttivi.

La formula di Terzaghi è stata generalizzata da diversi Autori attraverso l'applicazione di una serie di fattori moltiplicativi di natura empirica. Proprio a causa dell'incertezza sperimentale insita in questi parametri correttivi, la loro applicazione può, a volte, dare origine a risultati 'anomali', in particolare nel caso di applicazione dei fattori di forma e di pendio.

3.2.1 Fattori di forma.

La formula di Terzaghi, nella sua forma originale, è valida solo per fondazioni nastriformi con L>>B; nella realtà bisogna tenere conto della lunghezza finita delle fondazioni e quindi del fatto che la rottura non avviene più solo lungo il piano che contiene B (rottura bidimesionale), ma anche lungo il lato L (rottura tridimensionale).

Autore	Fattori di forma
Terzaghi (1948)	• fondazioni nastriformi $s_c = 1.0$; $s_\gamma = 1.0$; • fondazioni quadrate $s_c = 1.3$; $s_\gamma = 0.8$;
Meyerhof (1951)	$s_c = 1 + 0.2\, K_p\, B/L$, dove $K_p = tg^2(45 + \varphi/2)$ $s_q = s_\gamma = 1 + 0.1\, K_p\, B/L$ per $\varphi > 0$; $s_q = s_\gamma = 1$ per $\varphi = 0$; in presenza di carichi inclinati i fattori di forma devono essere posti uguali a 1.
Brinch Hansen (1970) Vesic (1973)	• in presenza di carichi inclinati: $s_c = 0.2\,(1 - i_c)\, B/L$ per $\varphi = 0$; $s_c = 1 + (N_q/N_c)(B/L)$ per $\varphi > 0$; $s_q = 1 + (B\, i_q/L)\, tg\varphi$; $s_\gamma = 1 - 0.4(B\, i_\gamma/L)$; dove i_c, i_q e i_γ sono i fattori correttivi per carichi inclinati; • con carichi esclusivamente verticali: $s_c = 0.2\, B/L$ per $\varphi = 0$; $s_c = 1 + (N_q/N_c)\,(B/L)$ per $\varphi > 0$; $s_q = 1 + (B/L)\, tg\varphi$; $s_\gamma = 1 - 0.4\,(B/L)$;

3.2.2 Fattori di approfondimento

La formula di Terzaghi è valida per fondazioni in cui si verifica la condizione D/B≤1. Nel caso in cui sia D/B>1 è necessario considerare l'effetto della resistenza al taglio dei terreni posti sopra il piano di posa.

Autore	Fattori di approfondimento
Meyerhof (1951)	$d_c = 1+0.2 \sqrt{(K_p)} D/B$; $d_q = d_\gamma = 1 + 0.1 \times \sqrt{(K_p)} D/B$ per $\varphi>0$; $d_q = d_\gamma = 1$ per $\varphi=0$;
Brinch Hansen (1970) Vesic (1973)	$d_c = 0.4k$ per $\varphi=0$; dove k=D/B per D/B≤1 e k=arctg(D/B) per D/B>1 $d_c = 1 + 0.4k$ per $\varphi>0$; $d_q = 1 + 2k \, tg\varphi \, [1 - sen\varphi]^2$; $d_\gamma = 1$.

Nelle formule di Brinch Hansen e Vesic esiste una discontinuità nel passaggio dalla condizione D/B>1 alla condizione D/B≤1. Gli Autori hanno introdotto questa distinzione per limitare l'effetto di incremento della capacità portante all'aumentare di D. Sperimentalmente si è osservato infatti che, in corrispondenza di elevati valori di D/B, la variazione positiva di Q indotta da successivi incrementi di D diventa sempre meno significativa (tabella 1). A livello di calcolo, i fattori di approfondimento applicati nella condizione D/B≤1 possono condurre a volte a un'anomala diminuzione di Q all'aumentare di B. In questi casi, alcuni Autori, tra cui Vesic, consigliano di porre, solo ovviamente per D/B≤1, $d_c = d_q = d_\gamma = 1$.

D/B	k
0,8	0,80
0,9	0,90
1,0	1,00
1,1	0,83
1,2	0,88
3,0	1,25
10,0	1,47
100,0	1,56
1000,0	1,57

Tabella 1: Variazione di k al variare di D/B

3.2.3 Fattori per l'inclinazione della risultante dei carichi.

La formula di Terzaghi è valida solo per fondazioni con carichi verticali. In presenza di una risultante dei carichi inclinati, cioè quando sulla fondazione agisca anche una forza orizzontale, il valore della capacità portante va ridotta, applicando opportuni fattori correttivi. A livello pratico viene suggerito, se si adottano la formula di Brinch Hansen o di Vesic, di non usare questa correzione, e quindi di porre i fattori uguali a 1, in presenza di carichi eccentrici.

Autore	Fattori per l'inclinazione dei carichi
Meyerhof (1951)	$i_c = i_q = (1 - I°/90)$, dove $I°$=inclinazione del carico $i_\gamma = (1 - I°/\varphi°)^2$ per $\varphi>0$; $i_\gamma = 0$ per $\varphi=0$.
Brinch Hansen (1970)	$i_c = 0.5 - 0.5\sqrt{1 - H/(A\,c)}$ per $\varphi=0$; $i_c = i_q - (1 - i_q)/(N_q - 1)$ per $\varphi>0$; $i_q = [1 - 0.5H/(V + A\,c\,\cotg\varphi)]^5$; $i_\gamma = [1 - 0.7H/(V + A\,c\,\cotg\varphi)]^5$ per $b°=0$; $i_\gamma = [1 - (0.7 - b°/450)H/(V + A\,c\,\cotg\varphi)]^5$ per $b°>0$; dove H=componente longitudinale del carico; V=componente assiale del carico; b°=inclinazione della base della fondazione rispetto all'orizzontale in gradi; A=area effettiva della fondazione;
Vesic (1973)	$i_c = 1 - mH/(A\,c\,N_c)$ per $\varphi=0$; dove $m=(2 + B/L)/(1 + B/L)$ per H parallelo a B; $m=(2 + L/B)/(1 + L/B)$ per H parallelo a L; $i_c = i_q - (1 - i_q)/(N_q - 1)$ per $\varphi>0$; $i_q = [1 - H/(V + A\,c\,\cotg\varphi)]^m$; $i_\gamma = [1 - H/(V + A\,c\,\cotg\varphi)]^{(m+1)}$;

3.2.4 Fattori per l'inclinazione della base.

La formula di Terzaghi è valida solo per fondazioni con base orizzontale. Brinch Hansen e Vesic consigliano di adottare i fattori correttivi elencati di seguito.

Autore	Fattori per l'inclinazione della base
Brinch Hansen (1970)	$b_c = b°/147$ per $\varphi=0$; $b_c = 1 - b°/147$ per $\varphi>0$; $b_q = \exp[-2\,b\,tg\varphi]$; $b_\gamma = \exp[-2.7\,b\,tg\varphi]$; con b in radianti e b° in gradi.
Vesic (1973)	$bc = b°/147$ per $\varphi=0$; $bc = 1 - b°/147$ per $\varphi>0$; $bq = by = (1 - b\,tg\varphi)^2$;

3.2.5 Fattori per fondazioni su pendio o prossime a un pendio:

La formula di Terzaghi è valida solo per fondazioni con piano campagna orizzontale. Nel caso di fondazioni su pendio potranno essere usati i fattori correttivi di Vesic e Brinch Hansen.

Autore	Fattori per fondazioni su pendio
Brinch Hansen (1970)	$g_c = p°/147$ per $\varphi=0$; $g_c = 1 - p°/147$ per $\varphi>0$; $g_q = g_\gamma = (1 - 0.5\,tg\,p°)^5$ dove p° è l'inclinazione del pendio in gradi.
Vesic (1973)	$g_c = p°/147$ per $\varphi=0$; $g_c = 1 - p°/147$ per $\varphi>0$; $g_q = g_\gamma = (1 - tg\,p°)^2$.

Si noti che con questi fattori correttivi anche in pendii poco acclivi si hanno forti riduzioni di Q. Per esempio

con p°=10 si ha una riduzione della capacità portante superiore al 30%. Di fatto questi fattori correttivi sono stati ottenuti da un numero limitato di prove con modelli in scala e quindi vanno considerati poco affidabili.
Bowles (1988) propone, in alternativa, di correggere i fattori N_c e N_q, riducendoli in funzione dello sviluppo della superficie di rottura (vedi figura 3.7):

$$N_c' = N_c (L_1/L_0)$$
$$N_q' = N_q (A_1/A_0)$$

dove L_1 e L_0 sono lo sviluppo della superficie di rottura (*adE*) con superficie inclinata e orizzontale, mentre A_1 e A_0 sono le aree dei blocchi *Efg* o *Efgh* rispettivamente con il piano campagna inclinato e orizzontale. Il fattore N_γ rimane invariato.

Figura 3.7 – Correzione dei fattori di portanza per fondazioni su pendio o prossime a un pendio secondo Bowles (da Bowles, 1988)

Un ulteriore modo alternativo di procedere è il seguente:

- si calcola la capacità portante nell'ipotesi di piano campagna sub-pianeggiante (Q_1);
- si esegue la verifica di stabilità globale del pendio inserendo la fondazione come sovraccarico di modulo Q; incrementando Q fino a provocare l'instabilità del versante si ottiene un secondo valore limite della portanza della fondazione (Q_2);
- si assume come valore della capacità portante il minore dei due.

Nel caso di fondazione sulla sommità del pendio, in cui la zona di rottura (zona III) lateralmente non intercetti il versante si procede come nel caso di piano campagna orizzontale.

3.2.6 Punzonamento.

La rottura per punzonamento può avvenire in terreni poco addensati e consistenti, ma anche in terreni molto addensati e consistenti, quando il rapporto D/R risulti elevato. In quest'ultimo caso si può intervenire correggendo i fattori di portanza secondo le indicazioni di Vesic, senza modificare i parametri di resistenza al taglio. Viene definito un parametro, l'indice di rigidezza, la cui espressione è la seguente:

$$(6) \quad I_r = \frac{G}{c + \sigma tg\varphi}$$

dove G è il modulo di taglio del terreno per basse deformazioni e σ è la pressione efficace media alla profondità D+B/2.

I coefficienti correttivi ψ_c, ψ_q e ψ_γ hanno la seguente espressione:

(7)
$$\Psi_q = \exp\left[\left(0.6\frac{B}{L} - 4.4\right)tg\varphi + \frac{3.07 sen\varphi Log_{10}(I_r)}{1+sen\varphi}\right]$$

per $\varphi > 0$

(8) $\psi_q = 0$ per $\varphi = 0$

(9)
$$\Psi_c = \Psi_q - \frac{1-\Psi_q}{N_q tg\varphi}$$

per $\varphi > 0$

(10)
$$\Psi_c = 0.32 + 0.12\frac{B}{L} + 0.6 Log_{10} I_r$$

per $\varphi = 0$

(11) $\psi_\gamma = \psi_q$ per $\varphi > 0$

(12) $\psi_\gamma = 1$ per $\varphi = 0$

I fattori correttivi devono essere applicati solo nel caso in cui sia verificata la condizione:

$$I_r \leq I_{r,crit}$$

dove:

$$I_{r,crit} = 0.5 \exp\left[\left(3.3 - 0.45\frac{B}{L}\right)\cot g\left(\frac{\pi}{4} - \frac{\varphi}{2}\right)\right]$$

3.2.7 Carichi eccentrici.

Se con Q indichiamo il valore del carico applicato alla fondazione e con M_b e M_l i momenti agenti rispettivamente lungo il lato corto e lungo della fondazione, l'eccentricità del carico sarà data da:

$$e_b = M_b/Q;$$
$$e_l = M_l/Q;$$

con
e_b = eccentricità lungo il lato corto della fondazione;
e_l = eccentricità lungo il lato lungo della fondazione.
I momenti M e i carichi Q naturalmente devono essere riferiti allo S.L.U. in condizioni statiche e allo S.L.V. (o allo S.L.C.) in condizioni sismiche.
Il calcolo della portanza andrà eseguito utilizzando, per i fattori di forma e per il termine della formula trinomia legato a $N\gamma$, le dimensioni effettive (Meyerhof, 1963):

$$B' = B - 2\,e_b;$$
$$L' = L - 2\,e_l.$$

In alternativa, in presenza esclusivamente di eccentricità su B, si può procedere calcolando la capacità portante senza applicare correzioni, cioè con le dimensioni effettive della fondazione, riducendo poi il valore ottenuto attraverso l'applicazione di un fattore moltiplicativo R_e:

$$Q_{\text{con eccentricità}} = Q_{\text{senza eccentricità}}\, R_e$$

dove R_e assume le seguenti espressioni:

$$Re = 1 - 2\frac{e_B}{B} \text{ (in terreni coesivi)}$$

$$Re = 1 - \sqrt{\frac{e_B}{B}} \text{ (in terreni incoerenti con } 0<e_B/B<0,3)$$

Va tenuto presente che, in presenza di carichi eccentrici e inclinati, se si utilizza la formula di Brinch Hansen, i fattori di correzione per l'inclinazione della risultante del carico applicato vanno posti uguali a 1.

3.2.8 Fondazioni ravvicinate

In base alle indicazioni di Vesic (1973) l'estensione laterale della zona di rottura del terreno è data da:

$$(13) \quad L_{sh} = (H+D)\tan\left(45+\frac{\phi'}{2}\right)$$

dove H è la massima profondità raggiunta dalla superficie di taglio:

$$(14) \quad H = B \cdot \tan\left(45+\frac{\phi'}{2}\right)$$

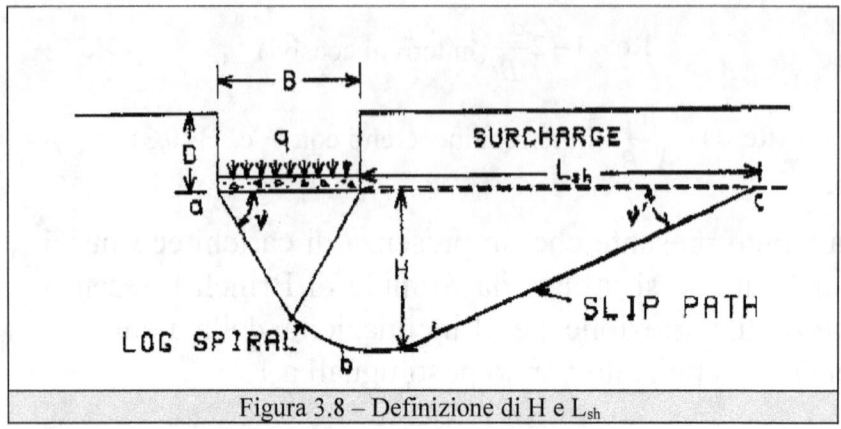

Figura 3.8 – Definizione di H e L_{sh}

In generale se due fondazioni contigue sono separate da una distanza

$$X \geq L_{sh}$$

dove L_{sh} è misurato dal perimetro, non ci sarà interferenza.

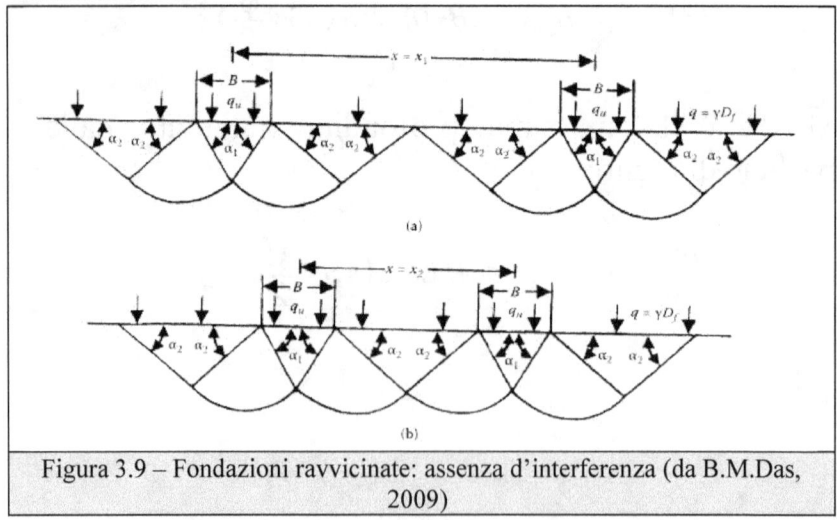

Figura 3.9 – Fondazioni ravvicinate: assenza d'interferenza (da B.M.Das, 2009)

In caso contrario la capacità portante delle singole fondazioni viene influenzata dalla presenza della struttura vicina: Q aumenta progressivamente al diminuire di X. Quando X≤ B le fondazioni vanno trattate come un'unica struttura fondazionale.

In realtà la rottura del terreno in questi casi non è simmetrica: avverrà sul lato dove manca l'influenza della fondazione vicina. In generale l'incremento di capacità portante andrebbe considerato solo per le travi e i plinti interni, mentre per quelli perimetrali il calcolo andrebbe condotto senza tenere conto dell'effetto delle fondazioni vicine.

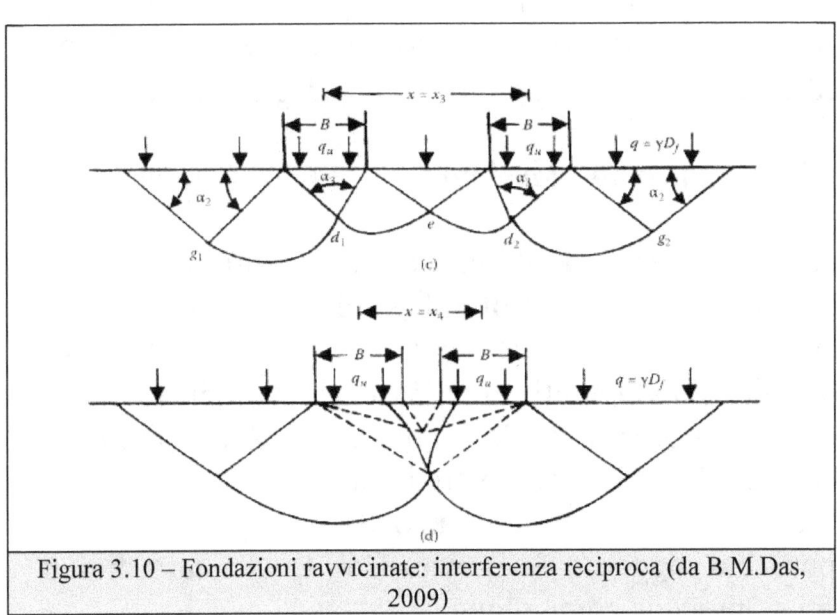

Figura 3.10 – Fondazioni ravvicinate: interferenza reciproca (da B.M.Das, 2009)

3.2.9 Terreni stratificati

In generale, se sotto la fondazione, entro una profondità di circa:

$$H = B \cdot \tan\left(45 + \frac{\phi'}{2}\right)$$

vi è un unico strato, il calcolo può essere ricondotto al caso di un terreno omogeneo.
In presenza di più livelli stratigrafici entro la profondità H si possono, in linea di massima, verificare due casi.

❑ *Strati con comportamento meccanico simile.*

Se i livelli geotecnici ricadenti entro la profondità H seguono tutti lo stesso criterio di resistenza al taglio (Mohr-Coulomb o Tresca) si possono adottare i parametri di resistenza al taglio ottenuti eseguendo una media pesata dei valori di φ o c_u dei singoli strati.

❑ *Strati con comportamento meccanico differente.*

Evidentemente l'alternanza di livelli coesivi e incoerenti entro la profondità H non consente di risolvere il problema calcolando una media dei valori di φ o c_u dei singoli strati. In un caso infatti andrà adottato il criterio di Tresca, nell'altro quello di Mohr-Coulomb: non è possibile cioè mescolare i due criteri.
Verificandosi questa situazione, si può adottare l'approccio suggerito da Bowles (1974). Nel caso di due strati si procede come segue:
❑ si calcola la Q del primo strato (Q_1);
❑ si calcola la Q del secondo strato (Q_2), usando i valori di c e φ del secondo strato e introducendo nel prodotto $\gamma_1 D$ il peso di volume del primo strato e il suo spessore;
❑ si calcola la Q complessiva dei due strati attraverso la relazione:

$$(15)\ Q' = Q_2 + [p\ P_v\ K\ \mathrm{tg}\varphi/A] + (p\ d\ c/A);$$

dove:
A = area della fondazione;
p = perimetro della fondazione;
d = spessore del primo strato;
P_v = pressione efficace dal piano di posa della fondazione al tetto dello strato inferiore;
K = $\mathrm{tg}(45 + \varphi/2)^2$
oppure

K = $1-\mathrm{sen}\varphi$;

❑ si confronta il valore di Q_1 con Q ' e si adotta come portanza il minore dei due.

Questo tipo di approccio può essere impiegato anche nel caso di alternanze di terreni con comportamento meccanico simile, in presenza però di notevoli variazioni di resistenza al taglio fra un livello e il successivo.

3.2.10 Livelli rigidi prossimi al piano di posa della fondazione.

La formula (14), che consente di stimare la massima profondità H raggiunta dalla superficie di taglio, non è applicabile nel caso sia presente un livello rigido, per esempio un substrato roccioso, in prossimità del piano di posa della fondazione. Se la profondità H' del tetto del livello rigido dal piano di posa è minore di H, quest'ultima ricavata con la (14), nel calcolo, come massima profondità della superficie di taglio, andrà preso il valore H'.

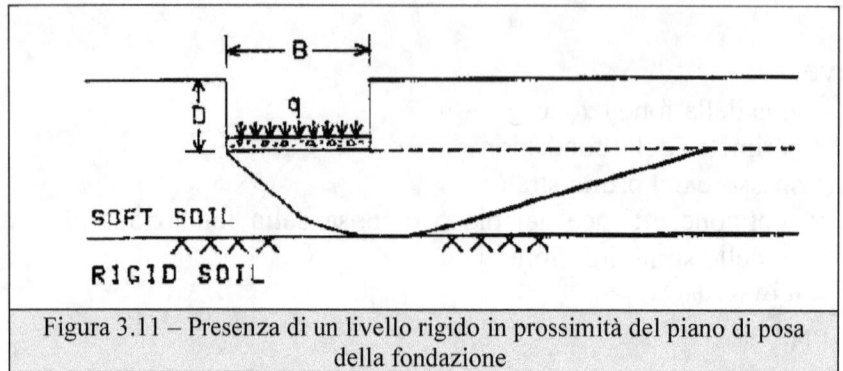

Figura 3.11 – Presenza di un livello rigido in prossimità del piano di posa della fondazione

3.2.11 Effetti sismici sulla fondazione superficiale.

In presenza di azione sismica nel calcolo della capacità portante bisogna considerare i seguenti effetti:

- incremento delle forze agenti parallelamente alla base della fondazione (carichi orizzontali) con variazione dell'inclinazione della risultante delle azioni;
- eccentricità dei carichi, su B e su L, a causa del momento flettente indotto dal sisma;
- effetti cinematici sul terreno di fondazione;
- riduzione della resistenza al taglio nei terreni saturi dovuta alle sovrappressioni interstiziali indotte dal sisma.

Inclinazione della risultante dei carichi

Il sisma esercita una forza orizzontale sulla struttura che si somma vettorialmente a quella verticale V (forza peso) e, eventualmente, a quelle orizzontali H

presenti in condizioni statiche. L'inclinazione della risultante dei carichi varia quindi in condizioni sismiche.

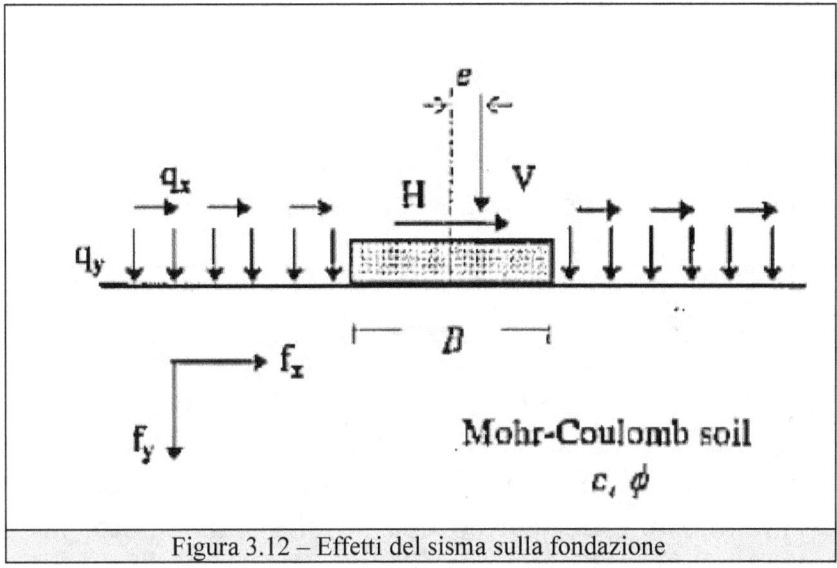

Figura 3.12 – Effetti del sisma sulla fondazione

Disponendo dei valori di *V* e di *H* nelle condizioni corrispondenti allo S.L.V. o allo S.L.C., si possono calcolare direttamente i fattori correttivi relativi all'inclinazione dei carichi con le formule di Brinch Hansen e Vesic.

Nel caso in cui *V* e *H* non siano noti è possibile fare una valutazione *preliminare* degli effetti del sisma sull'inclinazione della risultante dei carichi, ipotizzando che:
- in condizioni statiche non siano presenti azioni orizzontali sulla struttura;
- sia nota, almeno approssimativamente, l'altezza *Z* dell'edificio, partendo dal piano di posa delle fondazioni.

Con queste ipotesi di partenza, si può procede come indicato di seguito.
- Inizialmente si calcola il periodo di vibrazione fondamentale della struttura con la relazione:

$$T_1(s) = C_1 Z^{3/4}$$

in cui C_1 è un fattore che dipende dalla tipologia costruttiva, secondo il seguente schema:

Tipologia	C_1
Costruzioni con struttura a telaio in acciaio	0,085
Costruzioni con struttura a telaio in calcestruzzo armato	0,075
Costruzioni con qualsiasi altro tipo di struttura	0,050

- Si entra nello spettro di progetto orizzontale, leggendo sull'asse delle ordinate il valore di k_{hi} che corrisponde al periodo T_1 lungo l'asse delle ascisse. L'inclinazione del carico dovuto al sisma è dato, in questo caso, dalla relazione:

$$\theta = arctg(k_{hi})$$

- Con questo valore si possono calcolare i coefficienti correttivi con le formule di Meyerhof.

La formula di Terzaghi non può invece essere usata per il calcolo di Q in condizioni sismiche, mancando i fattori correttivi dovuti all'inclinazione della risultante dei carichi.

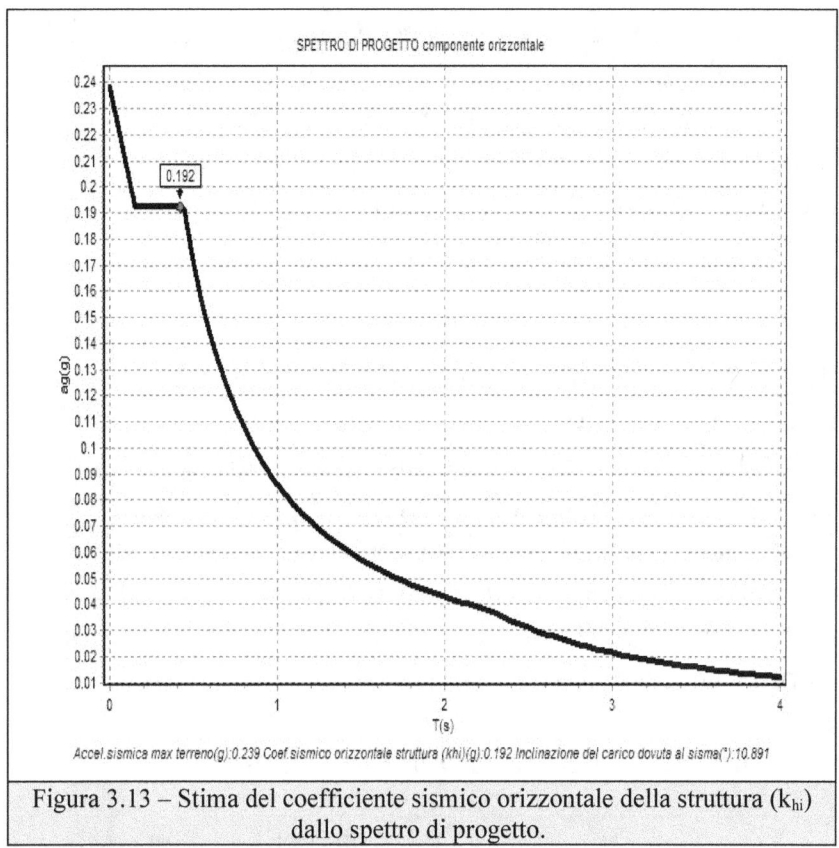

Figura 3.13 – Stima del coefficiente sismico orizzontale della struttura (k_{hi}) dallo spettro di progetto.

Eccentricità della risultante dei carichi.

Nel calcolo della Q va considerata anche l'eccentricità del carico dovuta alla presenza dei momenti indotti dal sisma lungo il lato B e lungo il lato L della fondazione. L'eccentricità si calcola con la relazione:

$$e = \frac{M}{N}$$

dove M è il momento e N la componente verticale del carico applicato sulla fondazione riferiti allo S.L.V. (o allo S.L.C.). Nel caso non fossero noti, per una valutazione *preliminare e cautelativa* dell'eccentricità dei carichi legata al sisma, in particolare in edifici di notevole altezza, si può porre:

$$e = B/6$$

Si tenga presente che, impiegando la formula di Brinch Hansen, se si considera l'eccentricità, i fattori correttivi per l'inclinazione dei carichi andranno posti uguali a 1. Viceversa, se si impiega la correzione per l'inclinazione dei carichi, l'effetto dell'eccentricità dovrà essere trascurato. In questo caso è preferibile eseguire il calcolo nelle due condizioni, utilizzando quindi il valore di Q più conservativo.

Effetti cinematici sul terreno di fondazione.

Lo sforzo di taglio applicato dal sisma sul volume di terreno di fondazione *deforma* la superficie di rottura, modificando di fatto la resistenza passiva del terreno. Se ne tiene conto riducendo φ o correggendo i fattori di portanza.

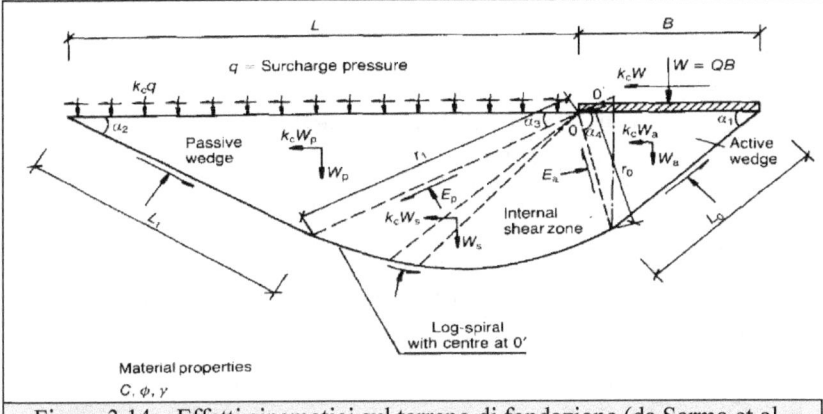

Figura 3.14 – Effetti cinematici sul terreno di fondazione (da Sarma et al., 1990).

a) <u>Criterio di Vesic</u>.
Secondo questo Autore per tenere conto degli effetti cinematici nel calcolo della capacità portante è sufficiente diminuire di 2° l'angolo d'attrito degli strati di fondazione.

b) <u>Criterio di Sano</u>.
L'Autore propone di diminuire l'angolo d'attrito degli strati portanti di una quantità data dalla relazione:

$$\Delta\varphi = arctg\left(\frac{k_{hk}}{\sqrt{2}}\right)$$

c) <u>Criterio di Paolucci e Pecker</u>.
Caratterizzato dall'applicazione di coefficienti riduttivi ai fattori di portanza N_q, N_c e N_γ.

$$z_q = z_\gamma = \left(1 - \frac{k_{hk}}{tg\varphi}\right)^{0.35}$$

$$z_c = 1 - 0.32 k_{hk}$$

Le istruzioni per l'applicazione delle Nuove Norme Tecniche (D.M. 14.01.2008) suggeriscono di applicare la correzione, con le formule viste sopra, solo al fattore N_γ, ponendo quindi $z_q = z_c = 1$.
E' evidente che questa correzione si applica solo nei terreni che seguono il criterio di resistenza al taglio di Mohr-Coulomb, quindi quelli in cui φ è maggiore di 0.

Effetto delle pressioni interstiziali in terreni saturi.

Nei terreni di fondazione costituiti da sabbie sciolte sature il sisma può indurre un aumento delle pressioni interstiziali nei pori Δu con conseguente riduzione temporanea della capacità portante. L'aumento delle Δu può essere stimato con la relazione empirica di Seed e Booker (1977). In questa formula la variazione Δu è legata al numero di cicli di carico N indotti nel terreno dal sisma:

$$\Delta u_N = \sigma'_0 \frac{2}{\pi} sen^{-1}\left[\left(\frac{N}{N_L}\right)^{0.5a}\right]$$

dove N_L è il numero di cicli di carico necessari per produrre la liquefazione dello strato di terreno saturo, σ_0' è la pressione media efficace in condizioni statiche e a un fattore legato alla densità relativa, espressa in forma decimale, attraverso la relazione (Fardis e Veneziano, 1981):

$$a = 0{,}96 D_r^{0{,}83}$$

La pressione media efficace è data da:

$$\sigma'_0 = \sigma'_{v0} \frac{1+2k_0}{3}$$

in cui σ'_{v0} è la pressione verticale efficace e k_0 il coefficiente di spinta a riposo del terreno, stimabile con la relazione:

$$k_0 = 1 - sen\varphi$$

La grandezza N_L può, in via approssimativa, essere dedotta dalla seguente tabella (Seed et al., 1975):

N_L	τ_{medio}/σ'_0
100	0,09
30	0,12
10	0,15
3	0,22

In cui τ_{medio} è lo sforzo di taglio medio indotto dal sisma uguale al 65% di quello massimo.

$$\tau(z)_{eq} = 0,65 \frac{a(z)}{g} \sigma_{v0} = 0,65 \frac{a_{max} r_d}{g} \sigma_{v0}$$

Il parametro N si può ricavare in funzione della magnitudo del momento sismico (Seed e al., 1975).

N	M_w
3,8	5
4,0	5,5
4,5	6,0
7,0	6,5
10,0	7

Stimata la Δ*u* normalizzata, cioè divisa per la pressione litostatica efficace media:

$$\Delta u^* = \frac{\Delta u}{\sigma_0'}$$

il calcolo della capacità portante va ripetuto, utilizzando un angolo di resistenza al taglio equivalente ridotto dato da (Bouckovalas et al., 1998):

$$tg\varphi^* = (1 - \Delta u^*)tg\varphi$$

Questa correzione non va applicata in maniera indiscriminata, ma solo in presenza di terreni sabbiosi sciolti sotto falda. In pratica si tratta di terreni suscettibili alla liquefazione, terreni in cui cioè sono presenti le caratteristiche granulometriche, di resistenza al taglio e di saturazione che possono indurre il fenomeno. Si possono identificare, a livello pratico, utilizzando i 3 criteri di esclusione geotecnici previsti dal D.M. 14.01.2008. Quindi anche, se il sisma non ha l'intensità necessaria per produrre liquefazione, può comunque condurre a un aumento delle pressioni neutre tali da provocare una riduzione della capacità portante.

3.3 Esempi di calcolo.

Esempio 1.3: Capacità portante a breve e lungo termine.

Supponiamo di avere un plinto 3,0 x 3,0 m con D = 3,0 m. Lo strato di fondazione sia costituito da limo con una frazione argillosa del 25 %. Operiamo per sicurezza nelle condizioni di resistenza ultima.
Per le condizioni non drenate calcoliamo c_u a una profondità di 0,5 B dal piano di posa con la relazione:

$$c_u = 0,22\sigma_v'$$

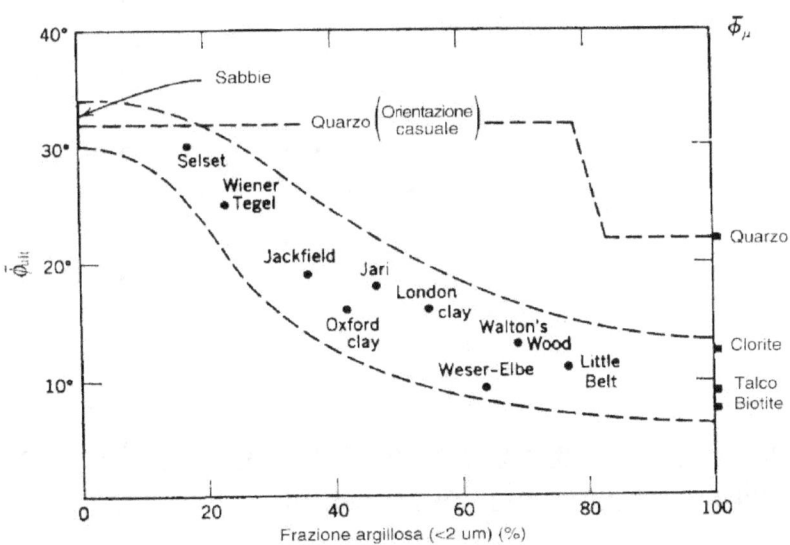

Supponendo σ_v'=1,0 kg/cmq, si ottiene c_u = 0,22 kg/cmq. La portanza a breve termine, con Brinch-Hansen e approccio 2, risulta **Q = 0,95 kg/cmq**.

Per le condizioni drenate poniamo $\varphi_{ult}=18°$, facendo riferimento al grafico in figura 2.13 (frazione argillosa 25%).
Stimiamo la coesione efficace cautelativamente con la relazione di Mesri et al.(1993):

$$c' = 0{,}02\,\sigma_v'$$

Otteniamo: 0,02 kg/cmq.
La portanza a lungo termine risulta **Q = 2,40 kg/cmq**.

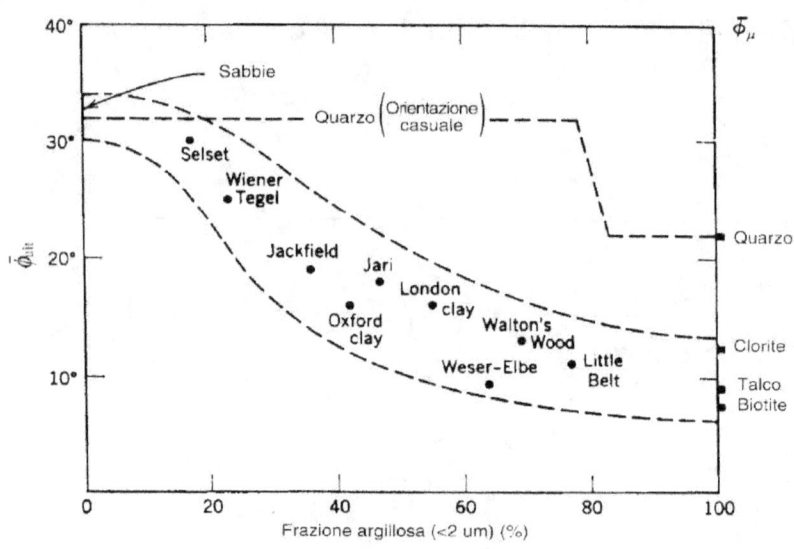

Esempio 2.3: Correzione di Terzaghi per la non linearità delle legge di Mohr-Coulomb.

Ipotizziamo un plinto 2,0 x 2,0 m con D = 1,0 m che poggi su uno strato di ghiaia con sabbia mediamente addensata in cui sia $\varphi=38°$. Stimiamo la capacità

portante con la relazione di Brinch-Hansen, usando l'approccio 2 del D.M.14.01.2008.
Senza la correzione di Terzaghi si ottiene: Q = 10,69 kg/cmq.
Con la correzione di Terzaghi si ha: Q = 2,76 kg/cmq.
Ricalcolando Q, facendo variare a tentativi φ, risulta che il secondo valore di Q corrisponde a quello di un terreno con φ=28°.
Si può considerare questo valore realistico? Dalla tabella sottostante deduciamo che una ghiaia con sabbia *al minimo* può avere un angolo di resistenza al taglio, a volume costante, di 32°. Il valore φ=28° utilizzato in precedenza nel calcolo risulta inferiore a φ_{cv} e quindi è sicuramente errato. Rifacendo il calcolo con φ_{cv} =32°, si ottiene Q = 4,49 kg/cmq.

Litologia	Min φ_{cv}	Max φ_{cv}	Min φ_{picco}	Max φ_{picco}
Limo (non plastico)	26	30	28	32
Sabbia uniforme da media a fina	26	30	30	34
Sabbia ben assortita	30	34	34	40
Sabbia e ghiaia	32	36	36	42

Esempio 3.3: Correzione per lo sforzo piano.

Ipotizziamo una fondazione con B=1,0 m, L=10,0 m e D = 0,5 m. Lo strato di fondazione sia costituito da una sabbia mediamente addensata con φ=φ_{tr}=32°, ottenuto da correlazioni con prove penetrometriche.
Applichiamo la correzione per lo sforzo piano di Meyerhof:

$$\varphi\ (°) = [1,1 - 0,1 B/L]\varphi_{tr} = [1,1 - 0,1 \times 1,0/10,0] \times 32 = 34,8°$$

Senza correzione Q, calcolata con Brinch Hansen e approccio 2, risulta uguale a **1,95** kg/cmq, con la correzione diventa **2,87** kg/cmq.
La variazione è dell'ordine di 1 kg/cmq e quindi non è trascurabile.

Esempio 4.3: Effetto della sovraconsolidazione per essiccamento.

Nel grafico è riportato l'andamento di una prova CPT in un terreno limo-argilloso. La falda è posizionata a circa 6,0 m di profondità. Gli elevati valori di coesione nei primi 6 m sono dovuti alla sovraconsolidazione per essiccamento, in seguito alla risalita capillare dell'acqua della falda sottostante.
Con B=1,0 m, L=10,0 m e D=0,5 m, supponendo di fondare sullo strato posto a -2,0 m dal p.c., si ottiene (Brinch Hansen approccio 2) Q = **5,47 kg/cmq**. Ipotizzando la risalita della falda a -2,0 m, Q diventa **1,18 kg/cmq**.
E' evidente che in questo caso diventa fondamentale essere in grado di valutare l'eventuale risalita massima della superficie piezometrica. Ciò spesso non è possibile, mancando dati storici sull'oscillazione della falda. Di conseguenza, a favore della sicurezza, conviene procedere ipotizzando una risalita massima dell'ordine di 8-10 m rispetto alla posizione misurata nel corso dell'indagine geognostica.

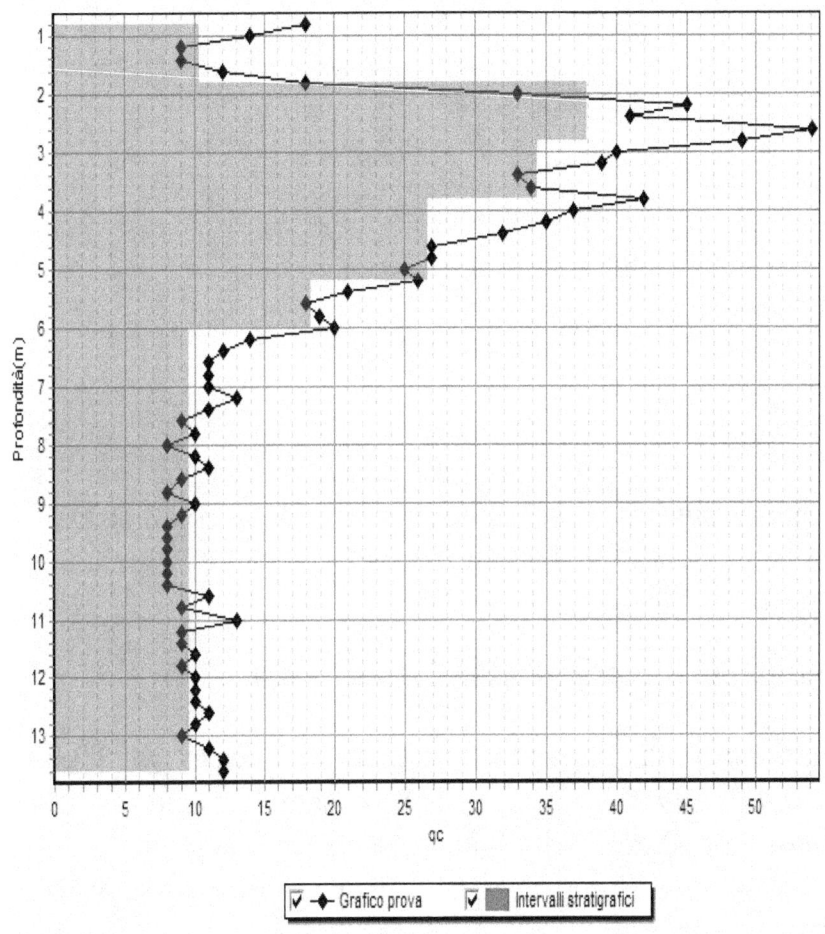

Esempio 5.3: Capacità portante con differenti formule.

Calcoliamo la capacità portante nel caso B=1,0, L=10,0 m e D=0,5 m, in un terreno sabbioso con $\varphi=32°$. Utilizziamo le formule di Terzaghi, Meyerhof, Vesic e Brinch Hansen.
Otteniamo, in kg/cmq:

QT = 2,00
QM = 2,01
QV = 2,25
QB = 1,90

Con D = 1,50 m si ha invece:

QT = 4,23
QM = 4,72
QV = 4,83
QB = 4,48

Si può osservare che, aumentando D la relazione di Terzaghi, tende a sottostimare Q rispetto agli altri metodi.

Esempio 6.3: Effetto del fattore di scala.

Calcoliamo la capacità portante nel caso B=10,0, L=20,0 m e D=0,5 m, in un terreno sabbioso con φ=32°. Calcoliamo Q con Brinch Hansen e l'approccio 2.
Senza la correzione per l'effetto del fattore di scala di Bowles si ha:

N_γ = 20,79;
Q = 7,75 kg/cmq.

Con la correzione di Bowles

$$r_\gamma = 1 - 0,25 Log_{10}(B/2)$$

che moltiplica N_γ, si ha:

$N_\gamma = 17,16$;
$Q = 6,62$ kg/cmq.

Con la correzione di Terzaghi si sarebbe ottenuto $Q=1,88$ kg/cmq, risultato ovviamente non realistico.

Esempio 7.3: Fondazione su pendio.

Calcoliamo la capacità portante nel caso B=1,0, L=30,0 m e D=0,5 m, in un terreno sabbioso con $\varphi=32°$ su un pendio inclinato di 25°. Stimiamo Q con Brinch Hansen e l'approccio 2.
Utilizzando i fattori correttivi di Brinch Hansen si ha:

$Q = 0,24$ kg/cmq.

Con la correzione di Bowles si ricava invece:

$Q = 0,85$ kg/cmq.

Con piano campagna orizzontale si otterrebbe:

$Q = 1,87$ kg/cmq.

Questo esempio conferma l'eccessiva sottostima che si ottiene applicando i fattori correttivi per fondazioni su pendio.

Esempio 8.3: Variazione del rapporto D/B.

Calcoliamo la capacità portante di un plinto quadrato facendo variare B e L nell'intervallo 0,8 – 2,0 m, con una profondità di posa D=2,0 m, in un terreno sabbioso con $\varphi=32°$.
Calcoliamo Q con Brinch Hansen e l'approccio 2.

N.	B (m)	L (m)	D (m)	IcB(°)	IcL(°)	QSLU I(kg/cmq)	QSLU II(kg/cmq)
1	0.8	0.8	2	0	0		8.55
2	0.9	0.9	2	0	0		8.53
3	1	1	2	0	0		8.51
4	1.1	1.1	2	0	0		8.49
5	1.2	1.2	2	0	0		8.48
6	1.3	1.3	2	0	0		8.47
7	1.4	1.4	2	0	0		8.46
8	1.5	1.5	2	0	0		8.46
9	1.6	1.6	2	0	0		8.45
10	1.7	1.7	2	0	0		8.45
11	1.8	1.8	2	0	0		8.46
12	1.9	1.9	2	0	0		8.46
13	2	2	2	0	0		8.83

Si osserva che, fino al raggiungimento della condizione D/B=1, Q tende a diminuire all'aumentare di B. Questa diminuzione è comunque contenuta, mentre più vistosa è la brusca variazione di Q al raggiungimento della condizione D/B=1.

Esempio 9.3: Terreni stratificati.

Calcoliamo la capacità portante di un plinto quadrato 2,0 x 2,0 m con una profondità di posa D=0,5 m. Il terreno è

costituito da due strati di sabbia con differenti valori di φ:
1) strato 1: φ=32°;
2) strato 2: φ=34°.
Calcoliamo Q con Brinch Hansen e l'approccio 2, facendo variare lo spessore del primo strato ΔH da 1,0 m a 2,0 m.

ΔH= 1,0 m: Q = 3,34 kg/cmq;
ΔH= 1,5 m: Q = 3,09 kg/cmq;
ΔH= 2,0 m: Q = 2,86 kg/cmq;

In presenza del solo primo strato si avrebbe Q = 2,67 kg/cmq.
In questo caso, avendo livelli geotecnici con lo stesso comportamento meccanico, si è eseguita una media pesata del parametro φ. E' intuibile che, incrementando lo spessore del primo strato, l'influenza sul risultato del secondo decresca in maniera proporzionale.

Esempio 10.3: Terreni stratificati.

Calcoliamo la capacità portante di un plinto quadrato 2,0 x 2,0 m con una profondità di posa D=0,5 m. Il terreno è costituito da due strati: un livello di sabbia di grande spessore e una lente di argilla all'interno del primo. Questi i parametri di resistenza al taglio dei due livelli:
1) strato 1: φ=32°;
2) strato 2: φ=0° c_u=0,1 kg/cmq.

Calcoliamo Q con Brinch Hansen e l'approccio 2, facendo variare lo spessore del secondo strato ΔH da 1,0 m a 0,1 m.

ΔH= 1,0 m: Q = 0,34 kg/cmq;
ΔH= 0,5 m: Q = 0,34 kg/cmq;
ΔH= 0,1 m: Q = 0,34 kg/cmq;

In presenza del solo primo strato, come nel caso precedente, si avrebbe Q = 2,67 kg/cmq.
In questo caso si è eseguito il calcolo con il metodo di Bowles, essendo coinvolti strati con comportamento meccanico differente. La portanza in tutti in casi, qualunque sia il valore di ΔH della lente di materiale coesivo, è quella dello strato di argilla poco consistente.
Esiste un limite inferiore di ΔH sotto il quale l'effetto della rottura di una lente di materiale scadente si può trascurare? Dipende dagli spostamenti verticali che la fondazione può tollerare in fase di edificazione. Se ipotizziamo, secondo le indicazioni di letteratura, che la deformazione verticale, seguente alla rottura, sia dell'ordine del 20% rispetto allo spessore del livello che collassa, il cedimento a cui sarà soggetta la fondazione potrà essere dell'ordine:

$$s = 0,2\ H_{strato}$$

Esempio 11.3: Portanza in condizioni sismiche: effetto dell'inclinazione dei carichi.

Calcoliamo la capacità portante di un plinto quadrato 2,0 x 2,0 m con una profondità di posa D=0,5 m. Il terreno è costituito da uno strato di sabbia con $\varphi=32°$;
Valutiamo Q con Brinch Hansen, utilizzando i coefficienti correttivi di Meyerhof per l'inclinazione dei carichi, e l'approccio 2, ipotizzando un'accelerazione sismica max in superficie di 0,25 g e un coefficiente β di 0,24.
In condizioni statiche si ha Q = 2,58 kg/cmq.
In condizioni sismiche, considerando solo l'inclinazione della risultante dei carichi, si ha Q = 1,42 kg/cmq. L'inclinazione della risultante è di 11,3°.
L'effetto riduttivo della capacità portante causato dall'inclinazione della risultante dei carichi agenti è spesso prevalente rispetto agli fattori correttivi.

Esempio 12.3: Portanza in condizioni sismiche: effetti cinematici.

Calcoliamo la capacità portante di un plinto quadrato 2,0 x 2,0 m con una profondità di posa D=0,5 m. Il terreno è costituito da uno strato di sabbia con $\varphi=32°$;
Valutiamo Q con Brinch Hansen e l'approccio 2, ipotizzando un'accelerazione sismica max in superficie di 0,25 g e un coefficiente β di 0,24.
La correzione per gli effetti cinematici è quella di Paolucci e Pecker suggerita dalla Normativa.
In condizioni statiche si ha Q = 2,58 kg/cmq.

In condizioni sismiche, considerando solo gli effetti cinematici, si ha Q = 2,55 kg/cmq.
Di fatto gli effetti cinematici spesso possono essere trascurati.

Esempio 13.3: Portanza in condizioni sismiche: eccentricità del carico.

Calcoliamo la capacità portante di un plinto quadrato 2,0 x 2,0 m con una profondità di posa D=0,5 m. Il terreno è costituito da uno strato di sabbia con $\varphi=32°$;
Valutiamo Q con Brinch Hansen e l'approccio 2, ipotizzando che il sisma generi un'eccentricità dei carichi lungo B e lungo L uguale, rispettivamente, a B/6 e L/6.
In condizioni statiche si ha Q = 2,58 kg/cmq.
In condizioni sismiche, considerando solo gli effetti dovuti all'eccentricità del carico, si ha Q = 2,28 kg/cmq.

Esempio 14.3: Portanza in condizioni sismiche: effetti dovuti a Δu.

Calcoliamo la capacità portante di un plinto quadrato 2,0 x 2,0 m con una profondità di posa D=0,5 m. Il terreno è costituito da uno strato di sabbia sotto falda con $\varphi=30°$ e una $D_r = 32\%$;
Valutiamo Q con Brinch Hansen e l'approccio 2, ipotizzando un'accelerazione sismica max in superficie di 0,10 g e una magnitudo di 5. Come profondità di riferimento per il calcolo prendiamo $H=D+B/2$. La

viene Δu calcolata con Seed e Booker, ottenendo un valore uguale al 78% della pressione litostatica efficace media. Calcoliamo φ^* corretto con la relazione:
$$\tan \varphi^* = (1 - \Delta u)\tan \varphi$$
Si ottiene $\varphi = 7°$
In condizioni statiche si ha Q = 1,64 kg/cmq.
In condizioni sismiche, considerando gli effetti dovuti alla Δu, si ha Q = 0,09 kg/cmq.

Prima di allarmarsi di fronte a questo risultato bisogna tenere presente che questa correzione andrebbe applicata solo in condizioni particolari. Nella pratica solo nei terreni potenzialmente suscettibili di subire liquefazione in condizioni sismiche, quindi essenzialmente sabbie sature sciolte e con scarso fine ubicate immediatamente sotto il piano di posa delle fondazioni, questo tipo di correzione ha significato.

4. RIFERIMENTI NORMATIVI.

Attualmente le norme a livello nazionale ed europeo a cui è necessario fare riferimento nella progettazione geotecnica sono le seguenti:

- Decreto Ministeriale 14 marzo 1988;
- Decreto Ministeriale 14 Gennaio 2008;
- Circolare 2 febbraio 2009;
- Eurocodice 7.

4.1 D.M. 14 Marzo 1988

Il Decreto Ministeriale 14 Marzo 1988 va considerato ancora in vigore, secondo il paragrafo 2.7 del D.M.14.01.2008, limitatamente ai seguenti casi:

- costruzioni di tipo 1 e 2 ($V_n \leq 10$ e $50 \leq V_n < 100$);

- classe d'uso I e II (con presenza occasionale di persone e/o a normale affollamento);

- siti ricadenti in zona sismica 4.

Relativamente al problema del dimensionamento di fondazioni superficiali si citano qui le disposizioni generali e specifiche descritte nel testo.

Disposizioni generali (paragrafo C.4.1).

- Il piano di posa deve essere situato al di sotto della coltre di terreno vegetale, nonché al di sotto dello

strato interessato dal gelo e da significative variazioni di umidità stagionali.
- Le fondazioni devono essere direttamente difese o poste a profondità tale da risultare protette dai fenomeni di erosione del terreno superficiale.

...<u>Si devono determinare il carico limite del complesso di fondazione-terreno e i cedimenti totali e differenziali.</u>

Disposizioni specifiche (paragrafo C.4.2).

- Il carico limite del complesso fondazione-terreno deve essere calcolato sulla base delle caratteristiche geotecniche del sottosuolo <u>e delle caratteristiche geometriche della fondazione</u>.
- Nel calcolo devono essere considerate anche le eventuali modifiche che l'esecuzione dell'opera può apportare alla caratteristiche del terreno e allo stato del luogo.
- Nel caso di manufatti situati su pendii... deve essere valutata anche la stabilità globale del pendio stesso.
- <u>Il coefficiente di sicurezza non deve essere inferiore a 3</u>. Valori più bassi ... potranno essere adottati nei casi in cui siano state eseguite indagini particolarmente accurate e approfondite... con riguardo anche all'importanza e alla funzione dell'opera.

4.2 D.M.14 Gennaio 2008 e Circolare 2 Febbraio 2009

4.2.1 Combinazione delle azioni (paragrafo 2.5.3).

Si è visto che, secondo le indicazioni delle nuove Norme Tecniche per le Costruzioni, il dimensionamento delle fondazioni superficiali andrà eseguito, considerando due combinazioni delle azioni:

- combinazione fondamentale;
- combinazione sismica.

Per quanto riguarda la combinazione sismica, è necessario fare riferimento a uno dei due stati limite ultimi previsti in presenza di sisma: Stato Limite di salvaguardia della Vita (S.L.V.) e Stato Limite di prevenzione del Collasso (S.L.C.). Nel calcolo in condizioni sismiche, quale dei due stati limite bisogna considerare (S.L.V. o S.L.C.)?

Il D.M. 14.01.2008 recita (paragrafo 7.1):

In mancanza di espresse indicazioni in merito, il rispetto dei vari stati limite si considera conseguito:
...
- nei confronti di tutti gli stati limite ultimi, qualora ... siano soddisfatte le verifiche al solo S.L.V..

Questo significa, che, se non specificato diversamente, nel calcolo della capacità portante delle fondazioni superficiali occorrerà fare riferimento al solo S.L.V.. Si ricorda che lo S.L.C. è riferito a una probabilità di superamento nel periodo di riferimento del 5%, contro il 10% dello S.L.V. e quindi è più gravoso.

4.2.2 Verifiche nei confronti degli S.L.U. (paragrafo 6.2.3.1).

Per ogni stato limite ultimo, statico o sismico, deve essere soddisfatta la condizione:

$$E_d \leq R_d$$

Dove con E_d si indicano le azioni di progetto, statiche o sismiche, e con R_d la resistenza del terreno a rottura.

dove:
$$R_d = \frac{1}{\gamma_R} R_K$$

$$R_K = \left[\gamma_K F_k ; \left(\frac{X_K}{\gamma_M} \right), a_d \right]$$

Questa espressione indica che la resistenza del terreno è funzione delle azioni di progetto ($\gamma_K F_K$), ottenute moltiplicando le azioni caratteristiche (F_K) per i coefficienti di amplificazione (γ_K), dei parametri geotecnici di progetto (X_K/γ_M), ricavati da quelli caratteristici (X_K), applicando gli opportuni coefficiente di sicurezza parziali (γ_M), e dalla geometria di progetto (a_d). Per passare dalla resistenza del terreno va applicato un ulteriore coefficiente di sicurezza (γ_R).

Il D.M. propone due approcci di calcolo alternativi, con diverse combinazioni di fattori di sicurezza.

Approccio 1: per i calcoli geotecnici (verifiche GEO), va impiegata esclusivamente la combinazione A2+M2+R2 (combinazione 2); nel paragrafo 6.4.2.1 del D.M.14.01.2008 si specifica infatti che **il collasso per carico limite dell'insieme terreno-fondazione è uno SLU di tipo GEO**.

Approccio 2: si esegue la verifica con la combinazione A1+M1+R3.

Quale approccio utilizzare? Dipende dai fattori di amplificazione delle azioni usati (A1 o A2) e dal modo in cui sono stati calcolati i valori caratteristici dei parametri geotecnici. Se si opera con i parametri corrispondenti allo stato critico (φ_{cv} e cu_{usals}) non si può impiegare l'Approccio 1, perché eccessivamente conservativo.

$tg\varphi_p = tg\varphi_k / F_{s\varphi}$;
$c_p = c_k / F_{sc}$;
$c_{up} = c_{uk} / F_{scu}$:
in cui:

F_s	M1	M2
$F_{s\varphi}$	1.00	1.25
F_{sc}	1.00	1.25
F_{scu}	1.00	1.40

Figura 4.1 – Dai parametri caratteristici a quelli di progetto.

R1	R2	R3
1.0	1.8	2.3

Figura 4.2 – Fattori di sicurezza globale.

Da un punto di vista pratico i valori di capacità portante da stimare sono tre:

- la capacità portante allo S.L.U. in condizioni statiche (Q_{SLU});
  la capacità portante allo S.L.V. o allo S.L.C. in condizioni sismiche (Q_{SLV} o Q_{SLC});
- la capacità portante allo S.L.E. in condizioni statiche (Q_{SLE});

In terreni molto addensati o molto consistenti e fondazioni di tipo nastriforme o a plinto di dimensioni limitate si ha in genere

$$Q_{SLU} \approx Q_{SLE};$$

In terreni poco addensati o poco consistenti e fondazioni a platea o a plinto di dimensioni notevoli si ha in genere

$$Q_{SLU} > Q_{SLE}$$

Poiché la capacità portante è una verifica di tipo GEO non può essere usato l'Approccio 1 Combinazione 1, che serve nelle verifiche finalizzate al dimensionamento strutturale (STR). In pratica se la verifica ha come oggetto la rottura del terreno vanno usati gli approcci GEO, se invece riguardano la rottura degli elementi strutturali della fondazione vanno impiegati gli approcci STR. In altre parole i fattori di sicurezza degli approcci di tipo STR devono essere utilizzati solo quando il parametro geotecnico viene impiegato all'interno di un calcolo strutturale.

Un esempio è la spinta delle terre necessaria per il dimensionamento delle opere di contenimento dei fronti di scavo. Ai valori di spinta attiva o a riposo, calcolati solitamente attraverso correlazioni empiriche, vanno applicati i coefficienti di sicurezza unitari, come prevedono gli approcci STR.

Altre indicazioni:

- per il calcolo dei fattori di portanza N_q, N_γ e N_c e per gli eventuali fattori correttivi vanno impiegati i parametri di progetto di φ e di c_u e non quelli caratteristici;
- la profondità da raggiungere con le indagini deve essere dell'ordine di b – 2b, dove b è la lunghezza del lato minore del rettangolo che meglio approssima la forma del manufatto (quindi non della fondazione); l'applicazione di questa indicazione, soprattutto nel caso di strutture estese, può significare essere costretti a spingere le indagini geognostiche a profondità proibitive.
- il piano di posa delle fondazioni è opportuno che sia tutto allo stesso livello; se non fosse possibile bisognerà tenere conto della reciproca influenza.

In quest'ultimo caso normalmente si impone una distanza orizzontale fra fondazioni contigue pari almeno alla differenza di quota.

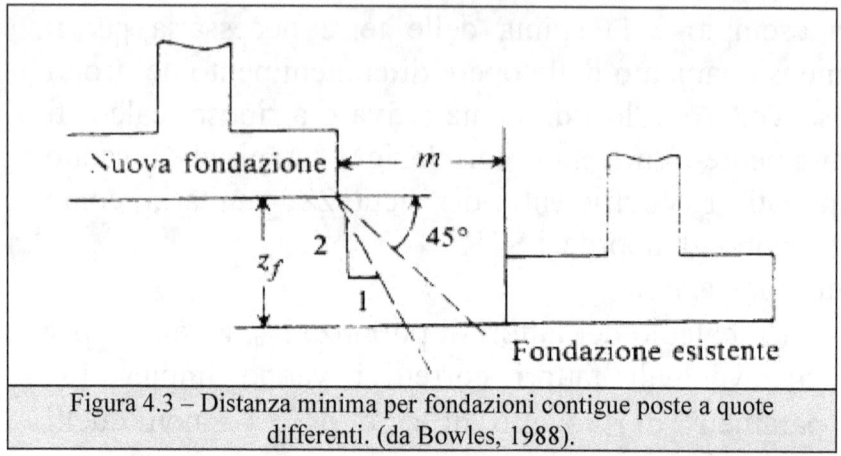

Figura 4.3 – Distanza minima per fondazioni contigue poste a quote differenti. (da Bowles, 1988).

4.3 Eurocodice 7

Alcune indicazioni aggiuntive, utili come guida per il calcolo della capacità portante di fondazioni superficiali, si ricavano dall'Eurocodice 7:

- nel calcolo del carico limite di progetto di una fondazione che insiste su terreni fittamente stratificati, si devono determinare i valori di progetto dei parametri per ogni strato;
- dove una formazione meno resistente sovrasti una più resistente, il carico limite di progetto può essere determinato adottando i parametri di resistenza al taglio della formazione meno resistente;
- per fondazioni a plinto o nastriformi la profondità d'indagine sotto il piano di posa della fondazione dovrebbe essere compresa di regola entro 1-3 volte la larghezza degli elementi fondazionali, spingendo almeno una verticale a profondità maggiore, mentre nel caso di platee dovrebbe uguale o maggiore del

lato corto, tranne il caso in cui s'incontri il substrato roccioso a profondità minori.

Queste due ultime indicazioni, relative alla profondità massima da raggiungere con l'indagine geognostica, appaiono sicuramente più ragionevoli e utilizzabili di quelle analoghe suggerite dal D.M. 14.01.2008.

5. TECNICHE DI MIGLIORAMENTO DEL TERRENO.

In questo capitolo verranno descritti brevemente alcuni metodi comuni per il trattamento di terreni di fondazione con caratteristiche meccaniche scadenti.
I metodi per il miglioramento delle caratteristiche geotecniche dei terreni di fondazione possono essere classificati come segue:

- precarico
- sostituzione;
- compattazione dinamica;
- abbattimento delle pressioni neutre;
- iniezioni.

L'applicabilità delle tecniche di bonifica elencate è spesso correlata alla composizione granulometrica dei depositi da trattare (figura 5.1).

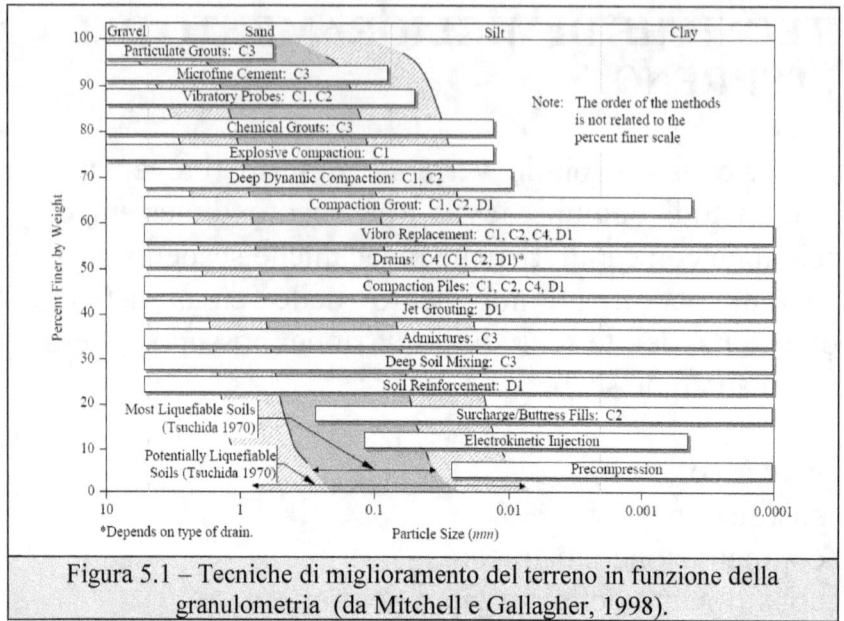

Figura 5.1 – Tecniche di miglioramento del terreno in funzione della granulometria (da Mitchell e Gallagher, 1998).

Precarico.

Questa tecnica viene impiegata normalmente in terreni fini per consentire la dissipazione parziale delle sovrappressioni neutre prima di passare alla fase di edificazione vera e propria. Il carico dovrebbe essere di entità paragonabile o superiore a quello definitivo.
Può essere utile per portare a pre-rottura eventuali livelli con caratteristiche molto scadenti di spessore limitato.

Sostituzione.

In generale se il livello scadente è posizionato in prossimità della superficie e il suo spessore non supera, indicativamente, i 3,0-3,5 m, il sistema più economico di bonifica è quello di sostituire il terreno in questione.

Il materiale asportato andrà rimpiazzato con terreno granulare, essenzialmente sabbia grossolana e ghiaia. L'intervento di sostituzione del terreno naturale può essere completato eventualmente con l'inserimento di georinforzi, per ridurre le deformazioni e incrementare la resistenza al taglio del terreno. In questo caso, per il dimensionamento, di solito si usano i seguenti rapporti:

$$L_0/B = 2 \quad d = 0,35B$$

dove L_0 indica la larghezza del georinforzo e d la sua spaziatura verticale.
Non sono assolutamente da impiegare, come materiale sostitutivo, terreni a granulometria fine, limi o argille, di difficile compattazione e soggetti a cedimenti di consolidazione a lungo termine.

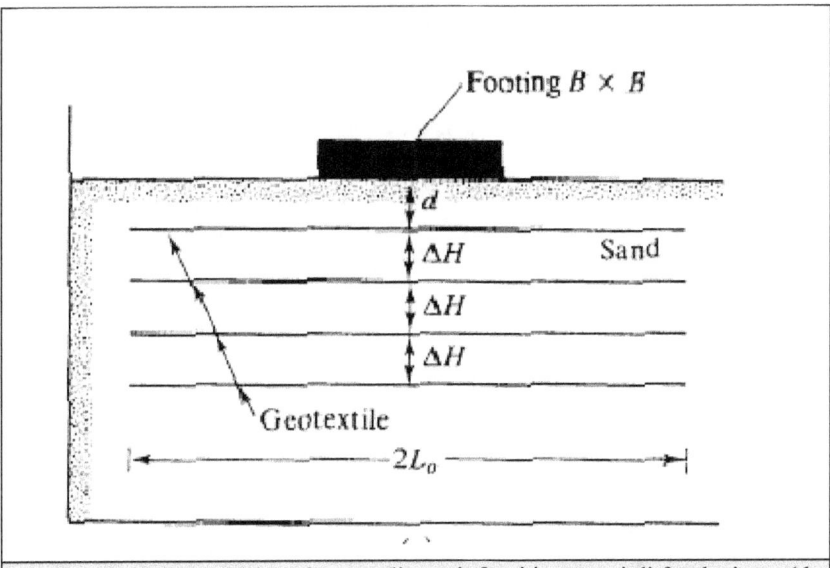

Figura 5.2 – Schema d'inserimento di georinforzi in terreni di fondazione (da B.M.Das 1998).

Compattazione.

Si tratta di un insieme di tecniche il cui scopo principale è quello di incrementare il grado di addensamento dei terreni scadenti attraverso le vibrazioni prodotte con opportune strumentazioni.
In generale queste procedure sono da prendere in considerazione nel caso di sabbie con percentuale di fine, limo e argilla, inferiore al 20%. Le tecniche più diffuse:

- rulli vibranti;
- esplosivi;
- infissione di pali;
- sonde vibranti (terraprobe o altre);
- vibrocompattazione (vibroflot);
- compattazione dinamica.

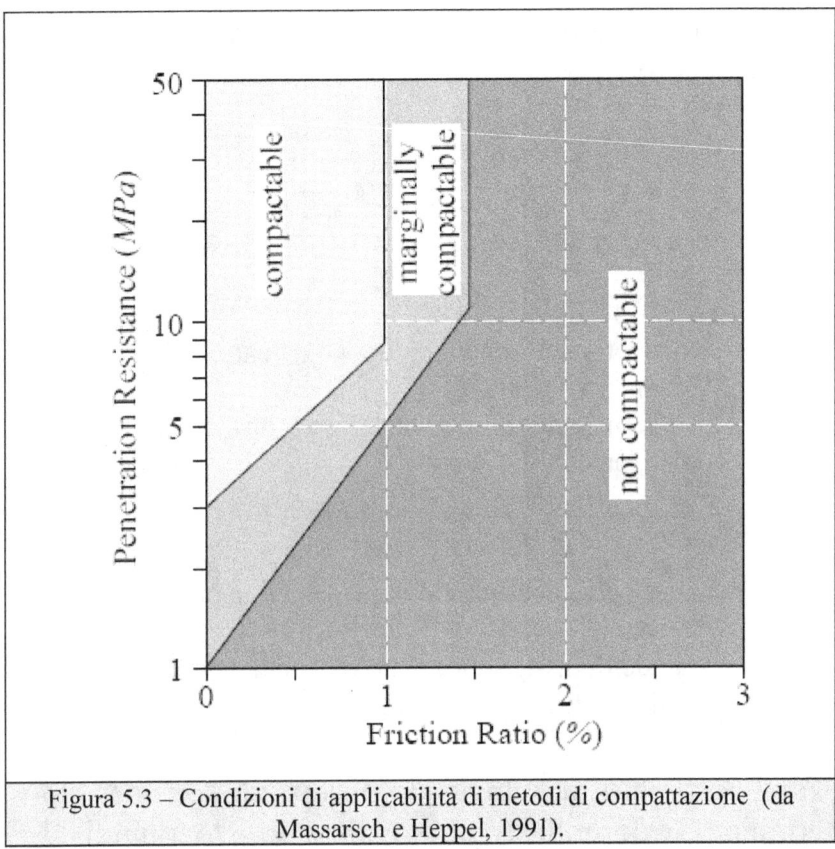

Figura 5.3 – Condizioni di applicabilità di metodi di compattazione (da Massarsch e Heppel, 1991).

Abbattimento delle pressioni neutre.

Si tratta di interventi con lo scopo di produrre un incremento della permeabilità totale del terreno, consentendo un più rapido esaurimento delle Δu.
Allo scopo comunemente vengono utilizzati dreni o pali verticali costituiti da materiale granulare, sabbia e ghiaia, a elevata permeabilità. . Il principio è quello di creare delle zone di deflusso rapido che funzionino da richiamo per l'acqua intergranulare presente nei livelli saturi. Una stima approssimativa dell'interasse fra le

colonne può essere fatta partendo dalla formula di Kjelmann (1995):

$$t = \frac{d_e}{8c_{vh}}\left[\ln\left(\frac{d_e}{d}\right) - \frac{3}{4}\right]\ln\frac{1}{1-U_h}$$

dove:

d_e(m)	= diametro del cilindro di terreno drenato;
d(m)	= diametro del dreno;
c_{vh}(m²/s)	= coefficiente di consolidazione orizzontale del dreno, dato da $$c_{vh} = \frac{k_h E_d}{\gamma_w}$$ in cui k_h è il coefficiente di permeabilità orizzontale del dreno.
U_h	= grado di dissipazione delle pressioni neutre che si desidera ottenere.

In pratica fissato il tempo di dissipazione t per un determinato valore di U_h, si stima c_{vh} e quindi si determinano, procedendo per tentativi, d_e e d. La spaziatura S fra dreni contigui si ricava con le seguenti relazioni:

S(m)=d_e/1,05 (disposizione triangolare)
S(m)=d_e/1,128 (disposizione quadrata)

Iniezioni.

Con il termine *iniezione* s'intende la saturazione dei pori con leganti di diversa natura, il cui scopo è dotare il terreno di una coesione 'artificiale'. Essendo trattamenti relativamente costosi, di solito vengono utilizzati per bonificare volumi ridotti di terreno.

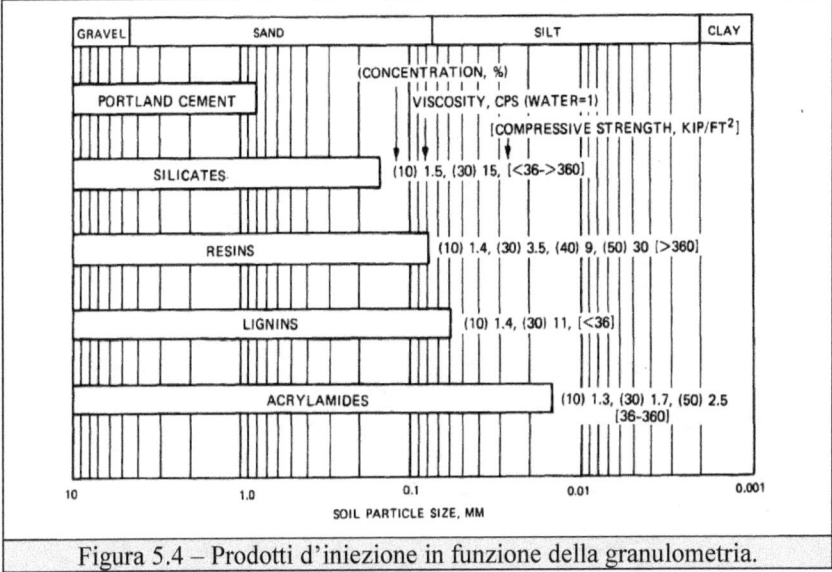

Figura 5.4 – Prodotti d'iniezione in funzione della granulometria.

6. BIBLIOGRAFIA ESSENZIALE

1. Normativa Europea Sperimentale ENV 1998 – Eurocodice 8.
2. Ministero delle Infrastrutture e dei Trasporti: D.M. 14/01/2008.
3. Consiglio Superiore dei Lavori Pubblici: Circolare 02/02/2009 n.617.
4. Atkinson J.: Geotecnica – McGraw-Hill.
5. Lambe T.W., Whitman R.V.: Soil Mechanics – John Wiley e Sons.
6. Renato Lancellotta, Josè Calavera: Fondazioni – McGraw-Hill.
7. Joseph E. Bowles: Fondazioni, progetto e analisi – McGraw-Hill.

www.ingramcontent.com/pod-product-compliance
Lightning Source LLC
Chambersburg PA
CBHW070254190526
45169CB00001B/414